高等职业教育扩招系列教材

农田杂草及防除

张　爽　主编

中国农业大学出版社
·北京·

内容简介

本教材共分为五个模块。模块一为基础知识，主要介绍农田杂草识别；模块二主要介绍农田杂草分类识别，包括农田杂草的分科和识别；模块三主要介绍农田杂草的防除方法，包括物理除草、生态防除、生物防治、化学防治和综合防治等；模块四主要介绍化学除草剂，包括化学除草剂的使用方法、分类、杀草原理；模块五主要介绍作物田杂草治理，包括水稻、大豆、玉米、麦田、马铃薯等作物田的杂草治理。

本教材构思新颖，内容丰富，结构合理，并配有常见农田杂草数字化资源，便于广大农业种植者更好地进行杂草分类识别与防除；教材具有很强的实用性，是高等职业教育相关专业的专用教材，也可作为现代青年农场主培养及农技人员岗位培训的教材，还可供从事农业相关工作的专业人员作为参考用书。

图书在版编目(CIP)数据

农田杂草及防除/张爽主编. —北京：中国农业大学出版社，2020.12
ISBN 978-7-5655-2519-3

Ⅰ.①农… Ⅱ.①张… Ⅲ.①农田-除草 Ⅳ.①S451.1

中国版本图书馆 CIP 数据核字(2021)第 013934 号

书　　名 农田杂草及防除
作　　者 张　爽　主编

策划编辑 康昊婷　张　玉　张　蕊
责任编辑 康昊婷　张士杰
封面设计 郑　川
出版发行 中国农业大学出版社
社　　址 北京市海淀区圆明园西路 2 号
邮政编码 100193
电　　话 发行部 010-62733489，1190
编辑部 010-62732617，2618
读者服务部 010-62732336
出　版　部 010-62733440
网　　址 http://www.caupress.cn
E-mail cbsszs@cau.edu.cn
经　　销 新华书店
印　　刷 涿州市星河印刷有限公司
版　　次 2020 年 12 月第 1 版　　2020 年 12 月第 1 次印刷
规　　格 787×1 092　　16 开本　　10.25 印张　　270 千字
定　　价 35.00 元

| 编审人员 |

主　编　张　爽（黑龙江农业职业技术学院）

副主编　王学顺（黑龙江农业职业技术学院）
　　　　王玉锋（黑龙江农业职业技术学院）

参　编　李洪波（黑龙江农业职业技术学院）
　　　　孙　雪（黑龙江农业职业技术学院）
　　　　任学坤（黑龙江农业职业技术学院）

主　审　于　波（黑龙江农业职业技术学院）

总　序

黑龙江是农业大省。黑龙江农业职业技术学院是三江平原上唯一一所农业类高职院校，也是与区域社会经济发展联系非常紧密的农业类高职院校，具有服务国家“乡村振兴”战略的地缘优势。在过去70多年的办学历史中，涉农专业办学历史悠久，培养了大批工作在农业战线上的优秀人才。在长期培养实用人才、服务区域经济的实践中，学院形成了“大力发展农业职业教育不动摇、根植三江沃土不动摇和为‘三农’服务不动摇”的办学理念。20世纪90年代初，学院在农业职业教育领域率先实施模块式教学，在全国农业职业教育教学改革中走在前列。学院不断深化改革，努力服务经济社会发展；不断创新办学模式，努力提升人才培养质量。近年来学院先后晋升为省级骨干院校、省级现代学徒制试点院校，在服务区域经济社会方面成效显著。

学院涉农专业是省级重点专业；有国家财政重点支持的实训基地；有黑龙江三江农牧职教集团，校企合作办学成效显著；有实践经验丰富的“双师”队伍；有省级领军人才梯队，师资力量雄厚。

2019年，学院深入贯彻落实教育部等六部门印发的《高职扩招专项工作实施方案的通知》、教育部办公厅《关于做好扩招后高职教育教学管理工作的指导意见》和国务院印发的《国家职业教育改革实施方案》等文件精神，创新性地完成高职扩招任务，招生人数位居全省首位。学院针对扩招学生的实际情况和特点，实施弹性学制，采用灵活多样的教学模式，积极推进“三教”改革。依靠农学分院和动物科技分院的专业优势，根据区域经济发展的特点，针对高职扩招生源的特点，出版了种植类和畜牧类高职扩招系列特色教材。

种植类专业核心课程系列教材包括《植物生长与环境》《配方施肥技术》《作物生产与管理》《经济作物生产与管理》《作物病虫草害防治》《作物病害防治》《农业害虫防治》《农田杂草及防除》共计8种，教材在内容方面，本着深浅适宜、实用够用的原则，突出科学性、实践性和针对性；在内容组织形式方面，以图文并茂为基础，附加实物照片等相应的信息化教学资源，突出教材的直观性、真实性、多样性和时代性，以激发学生的学习兴趣。

畜牧类专业教材包括《动物病理》《动物药理》《动物微生物与免疫》《畜禽环境控制技术》《畜牧场经营与管理》《动物营养与饲料》《动物繁育技术》《动物临床诊疗技术》《畜禽疾病防治技术》《养禽与禽病防治》《养猪与猪病防治》《牛羊生产与疾病防治》《中兽医》《宠物内科》《宠物传染病与公共卫生》《宠物外科与产科》共计16种。教材注重还原畜禽生产实际，坚持以够用、实用及适用为原则，着力反映现代畜禽生产及疾病防控前沿的新技术和新技能，突出解决寒地畜禽生产中的关键问题。

本系列教材内容紧贴企业生产实际，紧跟行业变化，理论联系实际，突出实用性、前沿性。教材语言阐述通俗易懂，理论适度由浅入深，技能训练注重实用，教材均由具有丰富实践经验的教师和企业一线工作人员编写。

本系列教材将素质教育、技能培养和创新实践有机地融为一体。希望通过它的出版不仅能很好地满足我院及兄弟院校相关专业的高职扩招教学需要，而且能对北方种植业和畜牧业生产，以及专业建设、课程建设与改革，提高教学质量等起到积极推动作用。

院长：

前　言

为认真贯彻国务院印发的《国家职业教育改革实施方案》教育部《关于"十二五"职业教育教材建设的若干意见》(教职成〔2012〕9 号)和教育部等六部门联合印发的《高职扩招专项工作实施方案》等文件精神。我们遵循教学对象的培养目标要求，结合高职扩招的实际需求，编写了本教材。本教材力求做到深浅适度、实用够用、重点突出、综合性强，突出科学性、实践性和针对性，本教材作为高职扩招种植类专业的专业核心课程教材，尽可能满足高职扩招学生的教学需要。

农田杂草是影响农作物产量和品质的重要因素，因此，农田杂草的防除已成为农业生产中的重要工作。多年来，由于农药使用不当导致农作物药害频繁发生，农药残留严重，土壤、水体受到严重污染等问题日益突出。为了更好地指导农户看苗辨草选对药、科学合理用好药、适量环保少用药，《农田杂草及防除》为了广大农民提供了很好的指导。

《农田杂草及防除》依据《中华人民共和国农药管理条例》以及农业生产需要，系统地阐述了农田杂草的生物学及生态学特性，农田杂草的分类以及常见农田杂草的识别要点，农田杂草的防除方法，化学除草剂的种类，化学除草剂的使用方法以及水稻、玉米、大豆等农作物常见农田杂草防除技术等内容。教材构思新颖，内容丰富，结构合理，并配有常见农田杂草数字化资源，便于广大农业种植者更好地进行杂草分类识别与防除；教材具有很强的实用性，是高等职业教育教学的专用教材，也可作为现代青年农场主培养及农技人员岗位培训的教材，还可供从事农业相关工作的专业人员作为参考用书。

本书由张爽担任主编，王学顺、王玉锋担任副主编，李洪波、孙雪、任学坤参与编写。编写分工为：孙雪、任学坤负责编写模块一，张爽负责编写模块二，李洪波负责编写模块三，王学顺负责编写模块四，王学顺、王玉锋负责编写模块五；全书由张爽统稿。本教材中的部分内容参考了相关著作和教材，在此一并表示感谢。

由于农田杂草种类繁多，农药种类复杂，农田杂草防除技术受多种因素影响，加之编者水平有限，时间仓促，教材中的错误和不妥之处在所难免，衷心希望广大读者提出宝贵意见。

编　者

2020 年 9 月

目　录

模块一

农田杂草识别

【知识目标】

了解杂草的发生、起源、进化，杂草在农田中的危害及在自然界中有益的一面；了解杂草个体生态和群体生态；熟悉杂草形态结构的多型性、生活史的多型性、营养方式的多样性；掌握杂草的概念、杂草竞争临界期和经济阈值、杂草群落与环境因子间的关系以及我国农田杂草发生与分布规律。

【能力目标】

具备农田杂草防除和经济阈值的分析能力以及环境因子对杂草群落影响的判断能力；能够对杂草的生物学、生态学有进一步的认识，为杂草防除奠定理论基础，从而更好地指导杂草防除实践。

项目一　杂草概念及其重要性

杂草是伴随人类农业文明的出现而产生，随着农业生产的发展不断发展，与作物竞争光照、水分、养分、土地，从不同的方面影响作物的生长发育，造成作物产量降低、品质下降。农田草害已成为影响农业高质优产的主要障碍，有的杂草还威胁人畜的健康，甚至给水陆交通和工业的发展造成困难。

一、杂草概念

杂草是长期适应气候、土壤、作物、耕作制度等生态条件和生产条件生存下来的植物。杂草是一类特殊的植物，它既不同于自然植被，也不同于栽培作物；它既有野生植物的特性，又有栽培作物的某些习性。

(一)杂草概念

杂草是伴随着人类的农业生产活动而产生的。因此，许多杂草的定义，均是以植物与人类活动或愿望之间的相互关系为前提，包括长错地方的植物；不想要的植物；除种植的目的植物以外的非目的植物；没有应用价值与观赏价值的植物；干扰人类对土地利用的植物；不是人类有意识栽培的，但常和栽培植物混在一起的植物；是一类适应了人工生境，干扰人类活动的植物等。这些定义都强调了人类的主观意志和杂草对人类的有害性。杂草的这些定义，意味着杂草不仅包括种子植物，也包括木本植物、孢子植物、藻类等。同时，栽培作物也能成为杂草，如大豆田中的玉米、禾本科草坪中的红三叶草等。

按照上述概念，全世界现有杂草有 8 000 多种，其中直接危害作物和作为病虫害宿主的有 1 200 种，危害特别严重难以防治的有 30～40 种。我国现有杂草 580 多种，恶性杂草有 25～30 种。

(二)杂草三性

随着人们对杂草的深入研究，总结归纳出杂草的三个特性，即杂草的适应性、持续性和危害性。一方面杂草能够在人工生境中持续生长下去，另一方面可以在人工生境中不断繁衍下去，甚至产生化感作用影响和干扰人工生境，从而具有了危害性。其中，适应性是持续性的先决条件和前提，而危害性则是持续性的必然结果，在人工生境中的持续性是杂草三个基本特性的主体，是杂草不同于一般意义上的野生植物和栽培作物的本质特征。野生植物不能在人工生境中自然持续繁衍，而栽培作物则需在人们的农事活动条件下才能在人工生境中持续下去。

针对上述分析，有学者认为可以对杂草下这样的定义：杂草是能够在人类试图维持某种植被状态的生境中不断自然延续其种族，并影响到这种人工植被状态维持的一类植物。简而言之，杂草是能够在人工生境中自然繁衍其种族的植物。

二、杂草的发生与起源

在史前时代，冰川决定植物的分布与种的生存，随着冰川扩展和对生境的覆盖及其造成的严酷气候条件，导致一些植物灭绝。而在温带地区，主要植物都是靠近冰川的植物，在这些经受长期严酷环境条件选择的植物中，有一些就是近代杂草的原始种。

农业生产引起杂草发生巨大而迅速的变化，近代的大多数杂草在农业生产之前并不存在，它们随着作物进化，如栽培胡萝卜就是通过杂草野生胡萝卜突变及驯化而产生的，栽培西瓜也是通过同样途径使野生西瓜体积增大而产生。因此，当前农田杂草主要来源于两方面，一是长期适应自然环境条件变化的野生种，二是随着农业发展过程逐步进化的新种或变种。

从杂草的起源来说，近代农田杂草可分为专性杂草、兼性杂草和作物的杂草型 3 种。

1. 专性杂草

专性杂草是指从未发现其野生或半野生类型，原产地不详，伴随着人类的活动而生长，尚未发现其野生阶段与近似栽培作物，如田旋花、毒麦、野萝卜、藕草等。

2. 兼性杂草

这类杂草既有野生(主要生境地)，也有的生长在农田(栽培生境)，如仙人掌、野豌豆、野葱等。

3. 作物的杂草型

目前，我们栽培的许多作物都具有杂草型，如野生马铃薯、野生向日葵、野胡萝卜、野茼麻、野黍、野西瓜苗、野燕麦、野生稻等，这类杂草的生育习性与作物近似，如野燕麦的萌芽期、成熟期、生育及繁殖特点等都与小麦近似，从而给防治造成困难。

野生植物群落是一个复合群落，在极端气候、极端温度、大量降水、土壤特性的特殊环境条件影响下，向着"顶极群落"植被演替，当人类进行农业生产而种植作物时，必然会改变自然演替的规律，抑制自然演替中植物的生长，从而就产生了杂草防治问题。因此，在自然植被被破坏后，植物演替的第一个阶段便产生了杂草，也可以说，杂草是自然土壤被破坏后的先锋植物。

人类耕种土地后种植的作物，不像自然植物那样对环境具有很强的适应性，没有人类的耕种管理措施，它们就不可能长期生存；而杂草侵入农田是适应性差的植物被适应性强的植物所取代的一种植物演替过程，人类为了干预这种演替，为作物生长创造良好的生态环境，就需要防治杂草。

三、杂草的进化

杂草是在不断变化的环境条件下，通过自然选择，经过长期进化而逐渐形成的，其进化方式主要有以下几个方面。

1. 天然杂交

由于人类的生产活动及其引起的生态环境的变化，导致植物迁移而造成不同类型植物混生，提供了种间杂交的条件，从而产生变异，使杂交后代对改变了的环境产生存活的选择，其遗传性逐步稳定而成为新种，并不断繁殖。例如，大米草属植物 *Sparitina maritima*（$2n=60$）与 *Sparitina alterniflora*（$2n=62$）进行天然杂交，形成种间杂交种（$2n=62$）并以营养体传播，成为现在的大米草（*Sparitina anglica*）。

2. 多倍性

多倍性是杂草适应不良环境条件并进化的主要方式。如德国，在被子植物中具有多倍性的杂草种数达 62%；繁缕在中欧与北美自然生境中生长的主要是二倍体，而在农田生长的则主要是四倍体；猪殃殃是六倍体与八倍体，而猪殃殃属中的非杂草植物则是二倍体或四倍体。多倍性的优点在于突变的可能性增多，而且，此类多倍体的突变不会导致死亡，对变化的环境条件适应性更强。

3. 个体的易变性与多型性

许多重要的杂草都是自花能稔的，它们具有各种表现型，这个开放重组系统的每一世代都会出现新的基因重组，在自然选择过程中逐渐形成适应环境的杂草。

4. 作物中产生杂草型

作物的野生种与栽培种通过天然杂交而产生杂草型。如分布于印度、泰国等地的杂草型稻是野生稻与栽培稻进行杂交的后代，其特性介于野生稻与栽培稻之间，它是富有遗传变异的栽培稻向杂草型自然选择的结果；这种杂草型稻进行自交繁殖，但常与栽培稻天然杂交，其群体在遗传上是异质的，包含多种遗传基因。此外，在玉米、向日葵、胡萝卜、西瓜等作物中都发现杂草型的存在。

上述进化方式都是在环境条件长期选择的情况下进行的，从而使许多杂草在一定范围的环境条件下能够生存并繁殖。换句话说，当今农田杂草的存在在于它们的进化，事实上许多种杂草已经在不良环境中进化，并将继续进化，它们具有在不良条件下生存的能力，这种生态强制的产物称为普通控制遗传型，这种遗传型促使存活的个体通过基因重组形成新的类型，从而在更广泛范围内生长。

四、杂草的重要性

(一)杂草的有害方面

1. 杂草造成的损失

据联合国粮食与农业组织统计，全世界作物在收获前受病虫草害造成的损失为30%～35%，其中草害引起的损失为10%左右，全世界达2亿t。在美国，病虫草害造成的损失为120多亿美元，其中草害占42%，虫害占28%，病害占27%，线虫占3%。我国2002年的统计数据显示，全国农田因草害损失粮食约175亿kg，棉花约2.5亿kg。

2. 杂草对农作物的影响

草害对农作物的影响是巨大的。如麦田中有一年生杂草100～200株/m^2，就要吸收相当于每公顷氮60～135 kg、磷22.5～30 kg、钾90～135 kg，这些营养足以生产2 250～3 000 kg小麦。

3. 农田杂草的危害

农田草害已成为夺取农业丰收的一大障碍，它与作物争光、争水、争肥、争地，影响作物产量，降低农产品质量。

杂草还威胁人畜的健康，如豚草、毒麦属于"公害杂草"。豚草，别称艾叶破布草，是菊科、豚草属植物，开花时，产生大量花粉飞散空中，能引起一部分人的过敏性哮喘及过敏性皮炎，诱发"枯草热"病。人食用了含有40%毒麦的面粉，就会引起急性中毒，表现为头晕、发热、恶心、呕吐、腹泻、疲乏无力、眼球肿胀、嗜睡、昏迷、痉挛等。水葫芦的大量繁殖，可导致渠道的阻塞，给水陆交通造成困难。杂草还是许多病虫的中间寄主和栖息场所。如牛筋草、看麦娘等是稻飞虱的中间寄主，狗尾草和稗是水稻细菌性褐斑病的中间寄主。

4. 杂草防除的巨额成本

全世界每年要投入大量的人力、物力和财力用于防除杂草。目前，在世界许多发展中国家，人工除草仍然是杂草防除的主要方式，除草是农业生产活动中用工最多、最为艰苦的农作劳动之一，耗费巨大的人力。现在化学防除杂草已经普遍使用，据2000年统计，世界除草剂销售额达到141.1亿美元，占农药市场的50.8%。2003年我国化学除草剂产量达21.06万t，占农药生产总量的24.4%。

5. 给生产活动带来的不便

混生有大量杂草的农作物，在收获时会给收获机械或人工收割带来极大的不方便，轻者影响收割的进度，浪费大量的动力燃料和人工，重者可损坏收割机械；水渠及其两旁如果长满了杂草，会使渠水流速减缓，影响正常灌溉；河道长满凤眼莲、空心莲子草等杂草，会严重阻碍水上运输。

(二)杂草有益的方面

杂草在地球上分布相当广泛，如路旁、山坡、荒地等均有杂草的分布，这对保护水土起到了极其重要的作用。此外，在吸收二氧化碳、释放氧气、利用和固定太阳能方面，也有相当重要的意义。杂草的这种充分利用"闲置"空间和利用太阳光能的特性，显示出其独特地对地球环境的贡献，具有美化环境，保土养土，防风固沙等作用。值得一提的是某些杂草能富集和清除环境中的重金属离子，如浮萍有富集镉的能力等。

杂草是中草药的重要原植物，占药材种类的 1/3～1/4。如香附子是消食养胃之药；刺儿菜是止血敏(酚磺乙胺)的主要来源。同时杂草还为有益生物提供食物和隐蔽场所，是寄主和捕食昆虫的贮备库。

杂草具有抗逆性强、遗传变异类型丰富的特点，可以将其某些优良基因如抗病虫基因、抗除草剂基因用于改良作物。

杂草具有多种用途，可食性野菜主要有荠菜、蒌蒿、马齿苋、鸡儿肠等；看麦娘、马唐、野燕麦、早熟禾、狗牙根、大巢菜、牛繁缕、空心莲子草等，均是猪、牛、羊、兔等的上好青饲料；稗草籽实可酿酒；反枝苋的种子含有相当高比例的赖氨酸；狗牙根、结缕草和双穗雀稗均可用于建制草坪。

项目二　杂草的生物学特性和生态学基础

一、农田杂草的生物学特性

所谓杂草的生物学特性，是指杂草对人类生产和生活活动所致的环境条件(人工生境)长期适应，形成的具有不断延续能力的表现。杂草与作物的长期共生和适应，导致其自身生物学特性上的变异，加之漫长的自然选择，更造成了杂草具有多种多样的生物学特性，而了解杂草的生物学特性及其规律，对制定科学的杂草治理策略和探索防除有重要的理论与实践意义。

(一)杂草形态结构的多型性

1. 杂草个体大小变化大

不同种类的杂草个体大小差异明显，高的可达 2 m 以上，如假高粱、芦苇等，中等的有约 1 m 的梵天花等，矮的仅有几厘米，如鸡眼草、地锦等。就主要农作物田间杂草而言，大多数的株高范围集中在几十厘米左右。

同种杂草在不同的生境条件下，个体大小变化也较大。例如荠菜生长在空旷、土壤肥力和土壤水分充足、光照条件好的地带，株高可达 50 cm 以上；相反，生长在贫瘠、干燥裸露的土地上，其高度仅在 10 cm 以内。

2. 根茎叶形态特征多变化

生长在阳光充足地带的杂草，其茎秆粗壮、叶片厚实、根系发达，具较强的耐旱、耐热能力；相反，生长在阴湿地带的杂草，即使是上述同种杂草，其茎秆细弱、叶片宽薄、根系不发达，当进行生境互换时，后者的适应性明显下降，如马齿苋、反枝苋等杂草。

3. 组织结构随生态习性变化

生长在水湿环境中的杂草通气组织发达，而机械组织薄弱，如水生杂草萤蔺、野荸荠、水花生等；生长在陆地湿度低的地段的杂草则通气组织不发达，而机械组织、薄壁组织都很发达，如狗尾草、牛筋草等。

同一杂草如鳢肠等，生活在水环境中，其茎中通气组织发达、茎秆中空，而生长在干旱环境下的鳢肠则茎秆多数为实心、薄壁组织发达、细胞含水量高。

（二）杂草生活史的多型性

一般早发生的杂草生育期较长，晚发生的则短，但同类杂草成熟期则差不多。根据杂草开花结实成熟的习性，可将杂草的生活史过程分为一年生杂草、二年生杂草和多年生杂草。

一年生杂草在一年中完成从种子萌发到产生种子直至死亡的生活史全过程，可分为春季一年生杂草和夏季一年生杂草。春季一年生杂草是指在春季萌发，经低温春化，初夏开花结实并形成种子，如繁缕等；夏季一年生杂草是指初夏杂草种子发芽，当年秋季产生种子并成熟越冬，如大豆田中的狗尾草等。

二年生杂草则是第一年秋季杂草萌发生长产生莲座叶丛，第二年抽茎、开花、结实、死亡，如野胡萝卜等。这类杂草主要分布于温带，其莲座叶丛期对除草剂敏感，容易防除。

多年生杂草可存活两年以上。这类杂草不但能结籽传代，而且能通过地下变态器官生存繁衍。一般春夏发芽生长，夏秋开花结实，秋冬地上部枯死，但地下部不死，翌年春可重新抽芽生长。

多年生杂草可分为简单多年生杂草和匍匐多年生杂草。简单多年生杂草可借种子繁殖，也可因切割由宿根繁殖，如蒲公英、酸模、车前草等。匍匐多年生杂草可以借球茎、匍匐茎或根状茎等进行繁殖。匍匐多年生杂草是一类很难控制的杂草，当其地上部枯死后，其土壤中的无性繁殖器官可再次占据该地域而繁衍滋生。这类杂草的幼苗在最初生长的6～8周内易受栽培措施或适当的除草剂控制，随生长期延长，抗性和生存能力增强。

但是，不同类型之间在一定条件下可以相互转变。多年生的蓖麻发生于北方，则变为一年生杂草。当一年生或二年生的野塘蒿被不断刈割后，即变为多年生杂草。草坪上的短叶马唐是一年生杂草，不断的修剪亦可变为多年生。这也反映出杂草本身的不断繁衍持续的特性。

（三）杂草营养方式的多样性

杂草的营养方式是多种多样的。绝大多数杂草能进行光合作用自养，但也有不少杂草属于寄生性的。寄生性杂草分全寄生和半寄生两类。寄生性杂草在其种子发芽后，历经一定时期的生长，必须依赖寄主的存在和寄主提供足够有效的养分才能完成生活史全过程，如菟丝子、列当等；半寄生性杂草，如桑寄生和槲寄生等，寄生于桑等木本植物的茎上，依赖寄主提供水和无机盐，自身可光合作用。有些寄生性杂草如生长一定阶段后仍不能寄生于寄主，则会通过"自主寄生"或"反寄生"来维持一定时间的生长，直至自身营养耗尽而死亡，如日本菟丝子等。

（四）杂草适应环境能力强

1. 抗逆性强

杂草具有较强的生态适应性和抗逆性，表现在对盐碱、人工干扰、旱害、涝害、极端高、低温等有很强的耐受能力。如繁缕、反枝苋等一年生杂草，虽然个体小、竞争力弱、群体不稳定，但其生长快，生命周期短，一年一更新，结实率高，繁殖快。有些杂草个体大，竞争力强，生命周期长，在一个生命周期内可多次重复生殖，群体稳定，如田旋花、芦苇等多年生杂草。有些杂草，如藜、芦苇、扁秆藨草和眼子菜等都有不同程度耐受盐碱的能力。马唐在干旱和湿润土壤生境中都能良好生长。狗尾草、虎尾草、反枝苋等 C_4 植物杂草体内的淀粉主要贮存在维管束周围，不易被草食动物利用，免除了食草动物的更多啃食。野胡萝卜、野塘蒿在营养体被啃食或被刈割的情况下，可以保持营养生长数年，直至开花结实。天名精、黄花蒿等会散发特殊的气味，趋避禽畜和昆虫的啃食。还有些植物含有毒素或刺毛，如曼陀罗、刺苋等，以保护自身免受伤害。

2. 可塑性大

由于长期对自然条件的适应和进化，植物在不同生境下对其个体大小、数量和生长量的自我调节能力被称之为可塑性。可塑性使得杂草在多变的人工环境条件下不断的调节和适应，如在密度较低的情况下能通过其个体结实量的提高来产生足量的种子，或在极端不利的环境条件下，缩减个体并减少物质的消耗，保证种子的形成，延续其后代。藜和反枝苋的株高可矮小至 5 cm，高至 300 cm，结实数可少至 5 粒，多至百万粒。当土壤中杂草籽实量很大时，其发芽率会大大降低，以避免由于群体过大而导致个体死亡率的增加。

3. 生长势强

杂草中的 C_4 植物比例明显较高，全世界 18 种恶性杂草中，C_4 植物有 14 种，占 78%。在全世界 16 种主要作物中，只有玉米、谷子、高粱等是 C_4 植物，不到 20%。C_4 植物由于光能利用率高、二氧化碳补偿点和光补偿点低，饱和点高、蒸腾系数低，净光合速率高，因而能够充分利用光能、二氧化碳和水进行有机物的生产。所以，杂草要比作物表现出较强的竞争能力，如稻田中的稗草、碎米莎草、香附子，花生田中的马唐、狗尾草、反枝苋、马齿苋等。还有许多杂草能以其地下根、茎的变态器官避开劣境、繁衍扩散，当其地上部分受伤或地下部分被切断后，能迅速恢复生长、传播繁殖，如刺儿菜、狗牙根等杂草。

4. 杂合性

由于杂草群落的混杂性、种内异花受粉、基因重组、基因突变和染色体数目的变异性，一般杂草基因型都具有杂合性，这也是保证杂草具有较强适应性的重要因素。杂合性增加了杂草的变异性，从而大大增强了杂草的抗逆性能，特别是在遭遇恶劣环境条件如低温、旱、涝以及使用除草剂防治杂草时，可以避免整个种群的覆灭，使物种得以延续。

5. 拟态性

拟态性是指杂草与其伴生的作物在形态、生长发育规律以及对生态因子的需求等方面有许多相似之处，很难将这些杂草与其伴生的作物分开或从中清除。例如稗草与水稻伴生、野燕麦或看麦娘与麦类作物伴生、狗尾草与谷子伴生等，这些杂草也被称之为伴生杂草。它们给除草，特别是人工除草带来了极大的困难。此外，杂草的拟态性还可以经与作物的杂交或形成多倍体等使杂草更具多态性。

(五)杂草繁衍滋生的复杂性与强势性

1. 惊人的多实性

农田杂草是一类适应性广、繁殖能力强的特殊类型的植物。许多杂草都具有尽可能多地繁殖种群的个体数量，以适应环境繁衍种族的特性。绝大多数杂草的结实力很高，是作物的几倍甚至几百倍，而千粒重则小于作物的种子。一株杂草往往能结出成千上万甚至数十万粒细小的种子，如野燕麦每株结实多达 1 000 粒，荠菜可结实 20 000 粒，而蒿则高达 810 000 粒。杂草这种大量结实的能力是一年生和二年生杂草在长期的自然选择中处于优势的重要条件。

2.种子的寿命长

相对于作物而言所有杂草种子的寿命都较长。许多杂草种子埋于土中，历经多年仍能存活。如藜等植物的种子最长可在土壤中存活 1 700 年，繁缕的种子可存活 622 年，野燕麦、早熟禾、马齿苋、荠菜和泽漆等的种子都可存活数十年。即使在耕作层中，杂草的种子仍然能保持较长的寿命，如野燕麦可保持 7 年，狗尾草可保持 9 年，繁缕和车前等可保持 10 年以上。此外，有些杂草种子，如稗草、马齿苋等通过牲畜的消化道排出后，仍有一部分可以发芽。野苋和荨麻的种子经过鸟的消化道后反而发芽好而整齐，在堆肥或厩肥中杂草种子仍能保持一定的发芽力。如稗草种子在 40℃高温的厩肥中，可保持生活力达 1 个月。一般杂草种子在没有腐熟的堆肥或厩肥里，仍然具有发芽力。

3.种子的成熟度与萌发时期参差不齐

荠菜、藜及打碗花等种子即使没有成熟，也可萌发长成幼苗。很多杂草从土壤中拔出来后，其植株上的种子仍能继续成熟。作物的种子一般都是同时成熟的，而杂草种子的成熟却参差不齐。同一种杂草，有的植株已开花结实，而另一些植株则刚刚出苗。有的杂草在同一植株上，一面开花，一面继续生长，种子成熟期延绵达数月。杂草与作物常同时结实，但成熟期比作物早。种子陆续成熟，分期分批散落田间，由于成熟期不一致，第二年杂草的萌发时间也不整齐，这也为清除杂草带来了困难。

有些杂草种子在形态和生理上具有某些特殊的结构或物质，如坚硬不透气的种皮或果皮，含有抑制萌发的物质，从而使其具有保持休眠的机制，需经过后熟作用或光照等刺激才能萌发，使其成为杂草种子萌发不整齐的又一重要原因。此外，杂草种子基因型的多样性，对逆境的适应性差异、种子休眠程度以及田间水、湿、温、光条件的差异、对萌发条件要求和反应的不同等都是影响田间杂草出草不齐的重要因素。滨藜是一种耐盐性的杂草，能结出 3 种类型的种子，上层的粒大，褐色，当年即可萌发；中层的粒小，黑色或青灰色，翌年才可萌发；下层的种子最小，黑色，第三年才能萌发。藜和苍耳等也有类似的情形。

4.繁殖方式多样

杂草的繁殖方式主要有营养繁殖和有性生殖。杂草营养繁殖是指杂草以其营养器官根、茎、叶或其一部分传播、繁衍滋生的方式。如马唐等的匍匐枝、香附子等的球茎、刺儿菜等的地下"生殖茎"，狗牙根等的根状茎都能产生大量的芽，并形成新的个体。水花生可通过匍匐茎、根状茎和纺锤根等 3 种营养繁殖器官繁殖。杂草的营养繁殖特性使杂草保持了亲代或母体的遗传特性，生长势、抗逆性、适应性都很强，具备这种特性的杂草给防治造成极大的困难。至今人们还没有找到一种行之有效地控制或清除这类杂草的方法。

杂草的有性生殖是指杂草经一定时期的营养生长后，进入生殖生长，产生种子或果实传播繁殖后代的方式。有性生殖是杂草普遍进行的一种生殖方式，在有性生殖过程中，杂草一般既可自花受精，又能异花或闭花受精，且对传粉媒介要求不严格，且多数杂草具有远缘亲合性和自交亲合性，如早雀麦、紫羊茅、粘泽兰等自交和异交均为可育，而栽培泽兰则自交败育。异花传粉受精有利于为杂草种群创造新的变异和生命力更强的种子，自花授粉受精可保证其杂草在独处时仍能正常受精结实、繁衍后代。具有这种生殖特性的杂草其后代的变异性、遗传背景复杂,杂草的多型性、多样性、多态性丰富,是化学药剂控制杂草难以长期稳定有效的根本原因所在。

5. 种子和果实具有适应广泛传播的结构和途径

杂草的种子或果实有容易脱落的特性,有些杂草还具有适于散布的结构或附属物,借外力可以传播很远。酢浆草、老鹳草的蒴果在开裂时,会将种子弹射出去;野燕麦的膝曲芒能感应空气中的湿度变化曲张,驱动种子运动,在麦堆中均匀散布;蒲公英、刺儿菜等杂草的种子往往具有冠毛,可借助风进行传播;苍耳、狼把草等果实表面有刺毛,可附着在人、动物等身体上进行传播;独行菜、莴草等果实上有翅或囊状结构,可随水流进行传播;稗草、反枝苋、繁缕等种子被动物吞食后,随粪便排出而传播等。此外,杂草种子还可混杂在作物的种子内,或饲料、肥料中传播,也可借交通工具携带传播。杂草种子的人为传播和扩散则是上述所有杂草种子的传播扩散途径中影响最大、造成的危害最重的一种方式,人们要高度重视。

二、杂草个体及种群生态学

杂草生态学是研究杂草与其环境之间关系的一门学科。主要揭示杂草的群体消长、杂草与杂草、杂草与作物及其他环境因子等的内在规律。

(一)杂草个体生态

1. 种子休眠的生理生态

休眠是有活力的种子及地下营养繁殖器官暂时处于停止生长的状态。在杂草中只有少数种类杂草的种子成熟脱落后不久就会萌发,而大多数种类杂草的种子、营养繁殖器官都具有休眠的特点。休眠可以保证种子在一年中固有的时期萌发出苗,如遇不利生态因素,还可以使种子萌发推迟数年,从而确保种族的繁衍。杂草种子的休眠有内外两方面因素的作用。

(1)休眠的内因。种子、腋芽或不定芽中含有生长抑制剂。如野燕麦的稃片中存在一种休眠,从而导致种子休眠;果皮或种皮不透水、不透气或机械强度很高。如牵牛、野豌豆属杂草的种皮透性差。独行菜种子的种皮坚韧,阻碍种子萌发;胚未发育成熟,有些杂草的种子虽然成熟了,但其胚仍需在种子中经过一段时间的生长和发育,才能成熟,如蓼、莴草属和石竹科的许多杂草就有这种现象。上述导致种实休眠因素都是杂草本身所固有的生理学特性决定的,因此又称为原生休眠。

(2)休眠的外因。与内因相对的还有外界环境因素诱导产生的休眠,被称作诱导休眠或强迫休眠。大多是由于不良环境条件,如高温、低温、干旱、涝渍、除草剂等所引起,使已经解除原生休眠可以萌发的种子重新进入休眠状态。如豆科杂草在高温、干旱条件下以及夏秋性杂草在低温条件下都会进入休眠状态。鲤肠的种子埋于土壤中处于黑暗条件下,保持休眠状态。杂草种子休眠受环境因素的制约处于休眠状态,安全渡过不良环境,是对不良环境条件的适应。

在自然状态下,内因和外因以及各个内外因素之间常有相互作用,决定了杂草繁殖体的休眠。不过,无论是由内因造成的原生性休眠或由外因导致的诱导休眠,都可以通过适当的方法或通过改变其环境条件而打破。

2. 种子萌发的生理生态

萌发是杂草种子的胚由休眠转变为生理生化代谢活跃，从而胚根、胚芽突破种皮形成幼苗的过程。在自然界杂草种子的萌发具有周期性的规律，其发芽盛期通常均在生长最适时期，如看麦娘、野燕麦秋冬和春季两个萌发盛期，荠菜、繁缕、早熟禾等均可长年萌发，但春秋有2个高峰，龙葵仅在夏季萌发，萹蓄仅在春秋萌发等。

萌发需要适宜的环境条件，不同的杂草所需环境条件存在差异，但均要求较为充足的氧气和水分。看麦娘的种子在氧含量达20%时发芽率最高，而在低氧分压或过高氧分压情况下发芽率都不高，猪殃殃最适宜的氧含量是11.6%。氧含量随土壤的深度呈反比，这种对不同氧分压的要求，可以保证不同种杂草种子在不同土壤深度萌发出苗。

种子萌发需要充足的水分，通常当土壤湿度达到田间持水量的40%～100%时，杂草种子发芽。杂草种子越大，需要的湿度一般也越高。旱地杂草萌发所要求的土壤湿度显著低于水生或湿生杂草，但过高的水分条件会导致某些杂草种子缺氧、腐烂、死亡。

有些杂草种子的萌发也受光照条件的影响，如马齿苋、藜、繁缕、麦瓶草、反枝苋、鳢肠、豚草、狗尾草等；曼陀罗等的种子只在黑暗条件下萌发才好；灯心草等无论在光照或黑暗条件下都能很好发芽。但某些杂草种子对光的需求，会受到环境条件的影响，如刚成熟的反枝苋种子发芽有需光性，在土壤中埋藏1年，需光性消失，而稗草种子则恰恰相反。同时，光照长短和光质对萌发也有影响，活跃型光敏色素促进种子萌发，非活跃型光敏色素抑制种子萌发，而光质则影响这种转换。

杂草种子萌发需要适宜的温度，低于其下限温度或高于其上限温度，种子都不会萌发(表1-1)；萌发过程受3类生长调节物质的影响，促进萌芽的赤霉素类、抑制萌发的脱落酸和抗内生抑制剂的细胞分裂素。萌发依赖于这些物质间的平衡。

表1-1　主要农田杂草萌发所需的温度

杂草名	温度/℃		杂草名	温度/℃	
	范围	最适		范围	最适
稗草	13～45	20～35	荠菜	2～35	15～25
野燕麦	2～30	15～20	繁缕	2～30	13～20
牛筋草	20～40	25～35	藜	5～40	15～25
狗尾草	7～40	20～25	马齿苋	17～43	30～40
早熟禾	2～40	5～30	酸模叶蓼	2～40	30～40
猪殃殃	2～20	7～13	反枝苋	7～35	20～25
遏蓝菜	1～32	28～30	泽漆	2～35	20

此外，土壤类型、pH及物理性质也影响杂草种子的萌发。小粒种子杂草在土表或接近土表处萌发较好，土壤中的硝酸盐含量对萌发有刺激作用，如狗尾草和藜的种子。

上述诸因子对杂草种子萌发的影响常是综合的，有时一个因素会影响到几个因子的变化，从而复合作用于杂草种子的萌发。

(二)杂草种群生态

1.杂草种子库

杂草种子成熟后散落在地上，经翻耕等农事操作被埋在土中，年复一年在土壤中积存了大量的各种杂草种子。在任何时候，田间土壤中都包含有产生于过去生长季节的杂草种子，也包括营养繁殖器官。这些存留于土壤中的杂草种子或营养繁殖体的总体称为杂草种子库，也称繁殖体库。

杂草种子库的构成和密度因地而异，主要取决于种植制度和杂草防治水平。种植制度影响到杂草种子库的构成和大小(表1-2)。在某种种植制度下，每种作物都有它特定的伴生的杂草种类。如在长江中下游地区，稻茬麦田的主要杂草是看麦娘、牛繁缕等，而旱茬麦田的主要杂草是猪殃殃、波斯婆婆纳和野燕麦等。

表1-2　英国和美国几种种植制度下杂草种子库构成

地点	种植制度	土层深度/cm	种子量/(粒数/m^2)	杂草种类	常见杂草种类	
					数量	%
英格兰	蔬菜	0～15	4 100	76	9	89
苏格兰	马铃薯	0～20	1 600	80	6	78
内布拉斯加州	小麦—玉米—甜菜	0～25	137 700	8	7	86
科罗拉多州	玉米—大豆—玉米	0～18	10 200	25	4	85
伊利诺州	玉米—豌豆—甜菜	0～15	20 400	19	3	85
华盛顿州	马铃薯—小麦	0～30	5 100	23	3	90

土壤中杂草种子库是一个动态系统，时刻都在输入和输出。当输入量大于输出量时，种子库就逐年增大，杂草危害就增加。反之，种子库就会缩小，杂草危害会降低。

杂草种子库的输入主要是成熟杂草结实，少部分由外地传播。很多杂草繁殖量较大，如藜单株可结72 450粒种子，反枝苋单株可结117 400粒种子。杂草种子产量和它的生物量成正相关，个体越大，结籽量越高。

在作物生长季节，采取有效的防治措施能大大减少杂草种子繁殖量，能够减少杂草种子库的输入量。用数学模拟的方法推算，如果种子库每年有75%的种子萌发出苗，而防治水平在99.5%以上，则需30年耗尽种子库中所有的杂草种子，如果防治杂草的水平在100%，则需14年;如果每年有95%的种子库种子萌发而且不产生新的种子，则仅需6年。

杂草种子库的输出有萌发、传播、动物觅食、死亡等，其中萌发和死亡输出是主要的输出方式。杂草种子库中有的种子是处于休眠状态不能萌发，有的由于被埋在较深的土层中，氧含量不够，而被迫“休眠”，只有那些待萌发的，又在浅表土层中的杂草种子才萌发出苗。对大多数杂草种子来说，被埋在土壤10 cm以下时，很难出苗。

杂草种子在土壤中的寿命是影响杂草种子库输出的一个重要因素。杂草种子在土壤中的寿命因种类不同而差异较大，除了受杂草本身的遗传特性影响外，还受到土壤类型、土壤含水量、所处的深度及耕作措施等外界因素的影响。唐洪元的研究结果表明，在水、旱条件下，杂草种子的寿命差异极大，如稗在水田中第一年死亡率达18%，在旱田的死亡率达37%，第二年死亡率达41%,在旱田的死亡率达68%。一般来说,土壤中杂草种子的寿命随着所在深度的增加而延长,耕翻和水旱轮作可缩短杂草种子的寿命。

在农业生产实践中,杂草治理最终目的之一是降低杂草种群数量,即缩小杂草种子库。搞好农田杂草防除,加强检疫,施用腐熟的厩肥,选用纯净的种子,减少向杂草种子库的输入;诱导萌发,改变土壤环境条件使其不利于杂草种子的保存,加速杂草种子死亡速度,促进输出,截源竭库,才能达到有效治理的目的。

2.杂草种群动态

杂草作为农业生态系统的组成之一,其种群动态除了受自身生长、传播、繁殖特性、种子寿命、最大种群密度等自身的一些特性影响外,从萌发、出苗、成熟结实,到土壤杂草种子库的整个生活史中的每一环节还受到气候、人类的农事活动及其他生物因素的影响。由于人类的农事活动,使得农田生境处于一种不稳定的状态,导致杂草种群也随之变化。然而,在某种耕作制度下,一种杂草的种群大小还是相对稳定的。

3.杂草和作物间的竞争

(1)竞争的定义　植物间的竞争是指植物在生存资源,如光、二氧化碳、水分、养分等有限的情形下,为争夺较多资源的生存斗争,竞争的结果对竞争者均不利。资源越有限,竞争就越激烈。另外,植物间发生竞争的另一个前提是两者占有相似的生境,即它们利用同一生境中的资源,如果两种植物的根系不在同一土层,它们就不存在水分和养分的竞争。

(2)杂草与作物间的资源竞争　杂草与作物间的资源竞争包括地上竞争与地下竞争。杂草与作物间的地上竞争主要指对光的竞争。杂草与作物竞争光是非常普遍的现象。而杂草与作物对光的竞争能力主要取决于他们对地上空间的优先占有能力、株高、叶面积、叶片的着生方式等。如在生长中,作物早发、早封行,优先占有空间,就会抑制杂草的生长。反之,作物苗生长慢,被快速生长的杂草所遮盖,吸收阳光就少,生长就受到抑制,出现草欺苗现象。一般来说,植株高大、叶片多、叶面积指数大竞争光的能力强。

在一般情形下,空气中的二氧化碳是充足的,不存在着竞争。但在无风条件下,植物冠层特别茂密时,冠层内空气不流通,被植物光合作用消耗的二氧化碳不能及时补充,会造成杂草与作物间二氧化碳的竞争。一般来说,很多杂草是C_4植物,而大多数作物是C_3植物。在竞争中作物处于劣势。因为C_4植物的二氧化碳的补偿点比C_3植物低,在二氧化碳浓度较低时C_4植物仍能进行正常的光合作用,而C_3植物的光合作用则受到抑制。

杂草和作物的地下竞争常常重于地上竞争。杂草和作物对地下资源的竞争能力与根的长度、密度、分布、吸收水肥能力有关。竞争能力强的植物具有发达的根系,如稗草与水稻相比,前者的根系比后者发达,竞争力比后者强;植物根长比它的根量更能反映它对地下资源的竞争能力。

地下竞争包括营养和水分的竞争。作物生产中的一个很重要的限制因子就是土壤中的养分不足,特别是氮、磷和钾。很多杂草吸收养分的速度比作物快,而且吸收量大,降低了土壤中作物可利用的营养元素的含量,加剧了作物营养缺乏;在旱地,作物生长常常受水分胁迫的影响,由于杂草吸收大量水分,从而加重水分胁迫程度。

杂草和作物间竞争不同的资源是同时发生的。由于不同资源间相互联系,因此它们竞争不同资源是一个很复杂的过程。竞争地上资源必然影响到地下资源的竞争。一般来说,竞争一种资源将加剧对另一种资源的竞争;对一种资源竞争占优势,将导致对另一种资源的竞争也占优势;对于弱竞争者来说,同时与强竞争者竞争两种资源的产量损失远大于分开竞争这两种资源产量损失之和。

杂草密度和作物产量损失之间呈S形曲线或双曲线关系。当作物的竞争力比杂草强时,杂草密度和作物产量损失的关系为S形曲线,反之则为双曲线(图1-1)。杂草密度和作物产量损失之间的直线关系是一种特例,即在杂草密度很低时才呈直线关系。然而杂草生物量和作物产量损失则呈直线关系。

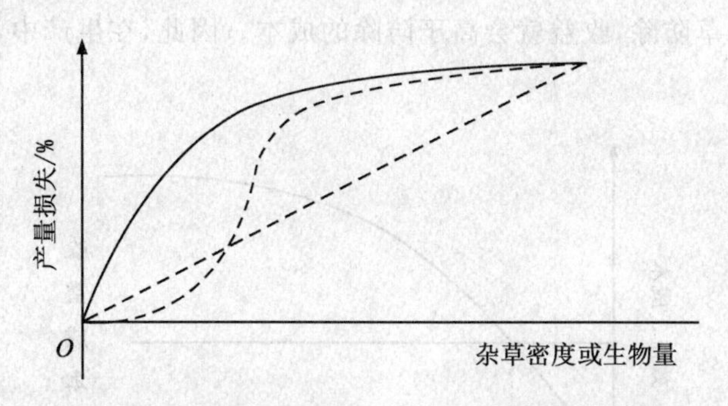

图1-1　杂草密度或生物量与作物产量损失示意图

(3)影响杂草与作物间竞争的因素

①杂草种类和密度　不同种类杂草植株高度及生长的习性差异较大,竞争能力也各不相同。如玉米田杂草反枝苋植株高大,而马齿苋较矮小,前者比后者的竞争力大得多。

②作物的种类、品种和密度　作物不同竞争力不同,同一作物不同品种间也存在很大的差异。如传统的植株高大、叶片披散的水稻品种的竞争力比现代的矮秆、叶片挺立的品种强,杂交稻又比常规稻竞争力强。

③相对出苗时间　出苗早可提前占据空间,竞争力提高,出苗晚则在竞争中处于弱势。所以,出苗时间越晚,竞争力就越差。在农业生产中,保证作物早苗壮苗可使作物在与杂草竞争时处于优势地位。

④水肥管理　一般来说,在有杂草的农田施用肥料,特别是施用底肥,会加重杂草的危害,因为杂草吸收肥料的能力比作物强,施肥后促进杂草迅速生长而加重危害。但当杂草在竞争中处于劣势时,增施肥料可抑制杂草的生长。稻田合理的水分管理可有效地抑制杂草的发生和生长,如在水稻移栽后保持水层可有效地降低稗草的出苗率,抑制水层下的稗苗生长。

⑤环境条件　温度、光照、土壤水分含量等会影响到杂草和作物的生长和发育,进而影响它们的竞争力。通过选择适合的播期、种植制度、栽培措施,创造有利于作物生长而不利于杂草生长的环境条件,可降低杂草的竞争力,减少其危害。

4.杂草竞争临界期和经济阈值

(1)杂草竞争临界期　初期的杂草幼苗还不足以对作物构成竞争,造成危害,但随着时间的推移,杂草的竞争逐渐增强,对作物产量的影响越来越明显。当杂草生长存留对作物产量的损失和无草状态下作物产量增加量相等时的天数,也是作物对杂草竞争敏感的时期,即为杂草竞争的临界期。杂草竞争临界期一般在作物出苗后1～2周到作物封行期间,这一期限约占作物全生育期的1/4,40 d左右,不同的作物这一期限长短有所差异。因此,杂草竞争临界期是进行杂草防除的关键时期，只有在此期限除草才是最经济有效的。

(2)经济阈值　随杂草密度或重量的增加，作物产量损失增加，除草是必要的。但实际上，不是杂草在任何发生密度时都需除草，那么在何种状态下需要防除，就有了杂草的危害经济阈值和杂草防除阈值的概念。杂草危害的经济阈值是指作物增收效益与防除费用相等时的草害情况。杂草防除阈值是指杂草造成的损失等于其产生的价值时所处的草害水平。为了使草害防治有良好的经济效益，防治费用应小于或等于杂草防除获得的效益。杂草防除措施的经济效益取决于作物增产的幅度和防除的成本。如图 1-2 所示，当田间杂草密度超过杂草密度阈值时，这时候进行杂草防除，收益就会高于防除的成本。因此，在生产中，见草就打药或除草务尽都是不科学的。

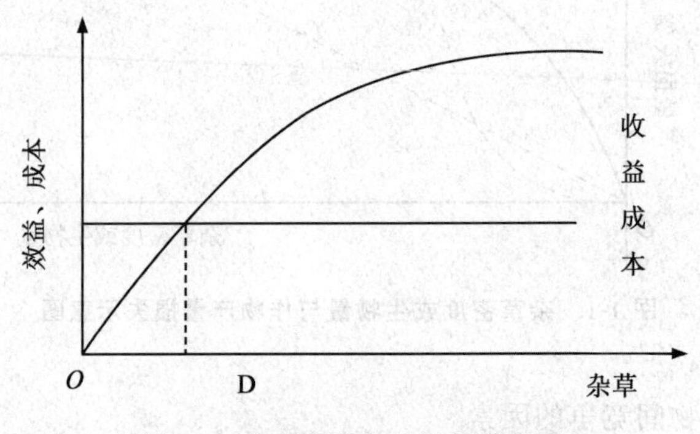

图 1-2　杂草危害经济阈值模式图

经济阈值因作物种类、密度和种植方式以及田间管理水平不同而存在差异，即使是同种作物，在不同地方也不一样。因此，某地确定的经济阈值不一定能适用其他地方。

5. 化感作用

(1)化感作用定义　植物植株向环境中释放某些化学物质，影响周围其他植株生理生化代谢及生长过程的现象称为化感作用，也称为异株克生作用，但后者不能涵盖促进作用的一面。具有化感作用的物质称作化感化合物。化感化合物包括真化感化合物和次生化感化合物两类。直接由植物分泌或分解出来的化感化合物称真化感化合物；如化感化合物是通过微生物降解来的，即间接来源于植物则称其为次生化感化合物，其作用称为功能性化感。

化感作用是自然界存在的一种普遍现象，它既存在于不同杂草种群之间，如小飞蓬产生的分泌物能抑制豚草种子发芽；也存在于杂草与作物之间，如野燕麦的根系分泌出香草酸等抑制小麦的生长发育，小麦的根系分泌物抑制白茅的生长；还存在于杂草同种不同个体之间，如小飞蓬根腐烂产生的化感作用抑制其幼苗的生长；还存在于作物与作物间，如腐烂的小麦残体抑制玉米的生长。同种植物不同个体间的化感作用，常称作“自毒作用”。此外，化感作用还有促进植物生长的一面，如麦仙翁产生的麦仙翁素可促进小麦的生长。

(2)化感作用及其来源　化感作用物多是植物的次生代谢产物，如水溶性有机酸、酚类、单宁、生物碱、类萜类、醌类、苷类等。

形成的化感作用物通过挥发、淋溶、根分泌、残体分解等进入环境。如蒿属、桉属、鼠尾草属植物多在干燥条件下释放挥发性类萜类物质，被周围的植物吸收、经露水浓缩后被吸收或进入土壤中被根吸收；通过降雨、灌溉、雾及露水能够淋溶出化感化合物，使之进入土壤中；牛鞭草的根分泌苯甲酸、肉桂酸和酚酸类化合物等16种化感作用物进入土壤;植物残体在分解过程中,促使各种化合物释放到环境中,而微生物分解植物残体过程中,形成许多化感物质。

(3)化感作用在杂草治理中的应用　利用植物间存在的化感作用,进行合理的作物轮作和套作,可以有效抑制杂草的发生和危害。如黑麦、高粱、小麦、大麦、燕麦的残体能有效抑制一些杂草的生长,在作物田套种向日葵,对曼陀罗、马齿苋等许多农田杂草有控制作用。

化感作用化合物对植物的生物活性,可以被用作研制和开发新除草剂品种。现在正在使用的激素类除草剂就是模拟植物的天然产物而人工合成的。最近发现的激光除草剂或称作光敏除草剂便是人类利用植物天然产物的例子。利用化感化合物发展除草剂,可以节省时间和成本,这样的除草剂不易在环境中造成累积和污染。

三、杂草群落生态学

农田杂草群落是在一定环境因素的综合影响下,构成一定杂草种群的有机组合。这种在特定环境条件下重复出现的杂草种群组合,就是杂草群落。

(一)杂草群落与环境因子间的关系

杂草群落的形成、结构、组成、分布直接受农田生态环境因子的制约和影响。研究其内在关系,是杂草群落生态的主要内容,也为杂草的生态防除提供理论依据。

1. 土壤类型

亚热带地区的水稻土,常是看麦娘发生的主要土壤。看麦娘、雀舌草、蓼、牛繁缕、茵草等杂草形成不同种群组合的内在关系;与水稻土相对应的旱地土壤,如黄泥土、马肝土则以猪殃殃和野燕麦为优势种,灰潮土以卷耳和波斯婆婆纳为优势种。

2. 地形、地貌

在安徽省大塘圩农场麦田调查发现,由于麦田不平整,在同一块田的低洼处看麦娘多,猪殃殃少或无,在高处猪殃殃、大巢菜多,而看麦娘的数量少。

在安徽南部岩寺田间调查发现,农田中杂草与山地和谷田的地形有关。山顶和半山坡为野燕麦、猪殃殃为优势的杂草群落;山脚缓地为雀舌草、看麦娘、稻槎菜等组成的杂草群落;山谷洼地为茵草、看麦娘、牛繁缕、海滨酸模组成的杂草群落;湖滩地势低洼、积水,有牛繁缕、茵草、海滨酸模组成的杂草群落。

3. 土壤肥力

土壤氮含量高时,马齿苋、刺苋和藜等喜氮杂草生长茂盛;土壤缺磷时,反枝苋则从群落中消失。

4. 轮作和种植制度

稻、麦连作时,麦田多以看麦娘为优势种,野燕麦等不能存在或生存能力有限;棉、麦连作麦田,多以波斯婆婆纳为主;江苏稻、棉水旱轮作,棉田以稗、马唐、鳢肠和千金子等构成的杂草群落,而旱连作的棉田则以马唐、狗尾草等为优势种的杂草群落。

菟丝子的发生与大豆重茬密切相关,重茬2年菟丝子感染率达7%,间隔4年种大豆则感染率为零。轮作过程中,不同作物要求不同的播种期、群体密度、施肥、耕作方式、植物保护措施、收获期等,这些因素通过改变农田生境而影响杂草群落的结构,对土壤种子库中的杂草繁殖体保存十分不利,从而导致杂草群落的改变。

5. 土壤水分

土壤水分是影响杂草群落结构的最基本要素之一。猪殃殃、野燕麦要求较低的土壤水分含量,含水量过高会使它们的种子萌发能力降低或丧失;看麦娘、日本看麦娘、雀舌草等需要较高水分含量的土壤条件;眼子菜、扁秆藨草、野慈姑则需要长期土壤淹水的条件。

6. 季节

季节、气候条件不同,会影响杂草群落的发生。同是水稻,双季晚稻田的稗草苗较少,而早稻、中稻、单晚稻田则稗草发生量最大,这是因为早、中稻等的生长季节与稗草的萌发、生长一致,而双季晚稻栽插时,在早稻田中成熟的稗草种子正处于休眠状态。

7. 土壤酸碱度

在 pH 高的盐碱土中多会有藜、小藜、眼子菜、扁秆藨草、硬草的发生和危害,蓼等则需要 pH 较低的土壤。

8. 土壤耕作

不同杂草对土壤耕作的反应和忍耐力不同。深耕可使问荆、刺儿菜和苣荬菜等多年生杂草成倍减少,原因是深耕可以从底部切断多年生杂草的地下根茎,截断营养来源,把根茎深埋入耕层底部,强制消耗根茎营养,降低拱土能力,使其延缓出土或减弱生长势,甚至达到窒息的效果。此外,深耕还会使地下根茎翻露土表,经暴晒或霜冻而死。频繁的耕作,在降低多年生杂草的同时,一年生或越年生杂草会增加。

9. 气候和海拔

气候和海拔通过温度、日照和降水量影响农田杂草群落的结构。温性杂草如野燕麦、播娘蒿、麦瓶草、麦仁珠、麦蓝菜等,多出现在淮河流域以北的温带地区,以南地区较少,甚至没有;高海拔地区有适应高寒气候条件的薄蒴草等,而热带则多有 C_4 植物喜温性杂草如飞扬草、铺地黍等。如云南省元谋县,海拔 950~1 000 m,年均温 22℃左右,夏季发生的主要杂草有龙爪茅、马唐、飞扬草、辣子草等热带和亚热带杂草;云南省禄劝县撒营盘镇的海拔为 2 100~2 400 m,年均温 10℃左右,主要杂草是野燕麦、尼泊尔蓼、辣子草、香薷、苦荞麦、繁缕、遏蓝菜、猪殃殃和欧洲千里光等;四川省青川县马鹿乡的海拔为 2 700~3 000 m,年均温 7~8℃,主要杂草有尼泊尔蓼、欧洲千里光、香薷、苦荞麦、繁缕等。这三地水平距离不到 100 km,但随着海拔增高,杂草种类从热带和亚热带杂草逐渐过渡到温带杂草类型。

10. 作物

作物与杂草间相互竞争,同时也相互依存。随着杂草群落的发展,则作物生长量减少;不同的作物有伴生杂草,如水稻种中常混杂有稗草种子,导致稗常伴生水稻,小麦有野燕麦伴生等,这是因为某些杂草与某类作物的形态、生长习性和对环境需求都十分相似,因而依存。

(二)杂草群落的演替及顶极群落

在农业措施作用下和环境条件变化的情况下,杂草群落进行着演替,也就是一个杂草群落代替另一个杂草群落。在自然界,植物群落演替是非常缓慢的过程,但是农田杂草群落的演替,由于频繁的农业耕作活动而变得较为迅速。

农田杂草群落演替的动力是农业耕作活动及农业生产措施的应用,通常其演替的趋势总是与农作物生长周期相一致的,也就是说,作物是一年一熟或一年多熟的农田,其杂草群落的演替总是趋向于以一年生杂草为主的方向,反之亦然。例如黑龙江省垦区农田杂草群落的演替，开垦初期以小叶樟、芦苇及蒿属等多年生植物为主，经7～8年耕作，则演变为以苣荬菜、鸭跖草为主的杂草群落，又经5～6年后，则变为以稗草为优势种的杂草群落等。

杂草群落演替的结果，总是达到一种可以适应某种农业措施作用总和的动态稳定状态，即顶极杂草群落。水稻田中顶极杂草群落均是以稗草为优势种的杂草群落，尽管有人为的干预，由于稗草与水稻的伴生性，使之仍处于相对稳定状态。稻茬麦田的顶级杂草群落是以看麦娘属为优势种的杂草群落，北方旱茬麦田多以野燕麦为优势种的顶级杂草群落，秋熟旱作物田多是以马唐为优势种的顶级杂草群落等。

(三)我国农田杂草发生、分布规律

我国地域辽阔，各地由于农业自然生态条件各异，决定着农业种植的作物种类、复种指数和轮作栽培方式的差异。上述关于农田杂草与环境因子间相互关系的讨论，表明了自然生态条件和农业措施在杂草发生和分布上的重要意义。揭示杂草发生和分布的规律性，对指导杂草防治实践具有深远的意义。

1.我国农田杂草区系

据不完全统计，截止1992年，研究发现和文献报道，我国的农田杂草约1400种，隶属105科。其中双子叶植物杂草72科，约930种，单子叶植物杂草440种，蕨类、苔藓和藻类植物杂草30种，约有近100种为外来杂草。

将那些分布发生范围广泛、群体数量巨大、相对防除较困难、对作物生产造成严重损失的杂草定为恶性杂草。在全国范围，定为恶性杂草的共有37种。即空心莲子草、牛繁缕、藜、刺儿菜、鳢肠、泥胡菜、打碗花、异型莎草、荠、播娘蒿、铁苋菜、大巢菜、节节菜、萹蓄、酸模叶蓼、马齿苋、猪殃殃、矮慈姑、碎米莎草、香附子、牛毛草、水莎草、扁秆藨草、看麦娘、野燕麦、菵草、毛马唐、马唐、稗、无芒稗、旱稗、牛筋草、白矛、千金子、狗尾草、鸭舌草、眼子菜。

虽然群体数量巨大，但仅在局部地区发生或仅在一类或少数几种作物上发生，不易防治，对该地区或该类作物造成严重危害的杂草，定为区域性恶性杂草。这样的杂草共有96种，其中禾本科22种，菊科13种，石竹科6种，蓼科5种，十字花科和莎草科各4种，苋科、唇形科、藜科、紫草科各3种，其他还有1～2种的科20个。如硬草主要发生危害于华东的土壤pH较高的稻茬麦或油菜田。鸭跖草虽分布较广，但大量发生于农田并造成较重危害报道的主要是在东北和华北的部分地区。菟丝子虽是一种有害寄生性杂草，但是在大豆田发生严重时会导致绝产，而且分布发生地理范围较广，其危害的作物主要是大豆，被划为区域性恶性杂草。

那些发生频率较高，分布范围较广泛，可对作物构成一定危害，但群体数量不大，一般不会形成优势的杂草定为常见杂草，共有396种。对于暂时还不对作物生长构成危害或危害比较小，分布和发生范围较窄的杂草称为一般性杂草。

2.我国农田杂草群落的发生分布规律

(1)农业措施导致的杂草发生规律　作物的生长季节不同，造成了只要求与之相似生态条件的杂草生长。夏熟作物麦类、油菜、蚕豆等田中主要发生春夏发生型杂草，如看麦娘、野燕麦、播娘蒿、猪殃殃、牛繁缕、荠、打碗花等；秋熟旱作物玉米、棉花、大豆、甘薯等田中，主要发生夏秋发生型杂草，如马唐、狗尾草、鳢肠、铁苋菜、牛筋草、马齿苋等。尽管这一类包括的作物种类远不止上述这些，由于生长条件、管理方式和生长季节的生态条件趋于相似，故发生的杂草种类基本相似或相同。夏熟和秋熟两类作物田共有的杂草种类较少，如香附子、刺儿菜和苣荬

菜等。不过，在北方一季作物区，这种交替和混合发生是普遍的。

由于水分管理不同，水稻田杂草有其独特性。大多数种类为湿生或水生杂草，如稗、鸭舌草、眼子菜、节节菜、矮慈姑、扁秆藨草、水莎草、异型莎草、牛毛毡等。一般没有和夏熟作物田共同发生的杂草，只有少数种类和秋熟旱作物田是共同的，如千金子、稗、水花生、双穗雀稗等。

轮作制度会对土壤的性质、水分含量等生态因子产生较大影响，间接影响到杂草群落结构。同时也会直接作用于土壤杂草种子，决定不同的杂草群落类型。

稻茬夏熟作物田杂草是以看麦娘属的看麦娘或日本看麦娘为优势种的杂草群落。其亚优势种或伴生杂草主要有牛繁缕、菵草、雀舌草、猪殃殃、大巢菜、稻槎菜等。此外，还有部分以硬草或棒头草为优势种的杂草群落。

在旱茬夏熟作物田的杂草，在北方地区和南方山坡地以野燕麦为优势种的杂草群落，其亚优势种或伴生杂草多为阔叶杂草。在沿江和沿海地区棉花田地，多以波斯婆婆纳为优势种的杂草群落。

(2)地理区域、海拔和地貌导致的杂草发生规律　播娘蒿、麦瓶草、麦蓝菜、麦仁珠喜温凉性气候条件，在秦岭和淮河一线以北地区的夏熟作物田发生和危害；西南高海拔地区，气候条件类似于北方，也有相似的发生规律。

胜红蓟、龙爪茅等适应热带、亚热带气候条件的杂草，主要分布发生于华南地区的旱地；圆叶节节菜喜暖性气候，主要分布发生于华南及长江以南山区的水稻田；扁秆藨草只发生危害偏盐碱性的水稻田，北方地区稻田较为普遍；薄蒴草主要分布发生于西北高海拔地区的麦类和油菜田。

3.我国农田杂草区系和杂草植被分区

通过将杂草群落的优势种以及杂草群落在时间和空间上的组合规律作为分区的主要依据，再结合各区杂草区系的主要特征成分、主要杂草的生物学特性和生活型、农业自然条件和耕作制度的特点，我国农田杂草区系和杂草植被被划分成 5 个杂草区，下属 8 个杂草亚区。

Ⅰ.东北湿润气候区：稗、野燕麦、狗尾草—春麦、大豆、玉米、水稻一年一熟作物杂草区。该区主要杂草群落有稗＋狗尾草杂草群落、马唐＋稗＋狗尾草杂草群落、野燕麦＋卷茎蓼群落以及野燕麦＋稗杂草群落。稗、狗尾草、野燕麦、马唐为主要群落的优势种。野燕麦为优势种的群落越向西北发生越普遍，而马唐为优势种的群落越向东南发生越多。春夏型杂草野燕麦和夏秋型杂草稗等可在同一块田中出现。其他重要杂草还有卷茎蓼、刺蓼、香薷、苣荬菜、鼬瓣花、鸭跖草、苍耳、藜、反枝苋、问荆、扁秆藨草、眼子菜等。

Ⅱ.华北暖温区：马唐-播娘蒿、猪殃殃—冬小麦-玉米、棉、油料一年两熟作物杂草区。在麦类等夏熟作物田为优势种，且有时是 2 个以上种共优。播娘蒿、猪殃殃、麦仁珠和麦蓝菜等为优势种。其他重要杂草有野燕麦、藜、小藜、大婆婆纳、遏蓝菜、荠菜、麦家公、离蕊芥、麦瓶草、小花糖芥、离子草和打碗花等。野燕麦趋向越来越多。

在秋熟旱作物田，以单子叶杂草为优势种，有马唐、稗、牛筋草和狗尾草等。其他主要杂草有马齿苋、刺儿菜、香附子、龙葵、反枝苋、铁苋菜等。

该区根据特征性主要杂草的不同，分成 2 个亚区。

Ⅱ$_1$.黄淮海平原亚区:冬麦-玉米、棉一年两熟作物杂草亚区,主要杂草有麦仁珠、离子草、离蕊芥、大巢菜、马齿苋、刺儿菜、牛筋草和反枝苋。

Ⅱ$_2$.黄土高原亚区:冬麦-小杂粮二年三熟或一年一熟作物杂草亚区,主要杂草有问荆、篱天剑、藜和大刺儿菜等。

Ⅲ.西北高原盆地干旱、半干旱气候区:野燕麦—春麦或油菜、棉、小杂粮一年一熟作物杂草区。野燕麦是该区杂草群落的优势种,藜、小藜和灰绿藜等与之共优。其他主要杂草有萹蓄、大刺儿菜、苣荬菜、卷茎蓼、薄蒴草和密花香薷等。

该区根据特征性主要杂草以及地理和气候特征等的不同,分成3个亚区。

Ⅲ$_1$.蒙古高原亚区:小杂粮、甜菜一年一熟作物杂草亚区,主要特征杂草为蒙山莴苣、紫花莴苣、苣荬菜、西伯利亚蓼、问荆、鸭跖草和鼬瓣花。

Ⅲ$_2$.西北盆地绿洲亚区:春麦、棉、甜菜一年一熟作物杂草亚区,主要特征种有藜、芦苇、扁秆藨草、稗、灰绿碱蓬和西伯利亚滨藜等。

Ⅲ$_3$.青藏高原亚区:青稞、春麦、油菜一年一熟作物杂草亚区,特征杂草为薄蒴草、萹蓄、微孔草、平卧藜、密花香薷、田旋花、苣荬菜和二裂叶委陵菜等。

在上述三个杂草区中,有少部分的水稻,其稻田的主要杂草群落是稗+扁秆藨草、眼子菜+野慈姑。

Ⅳ.中南亚热区:稗、看麦娘、马唐—冬季作物-双季稻一年三熟作物杂草区。在冬季作物田,看麦娘为稻茬土的杂草群落优势种,而在旱茬冬季作物田,猪殃殃为优势种。水稻作物最为重要,稻田以稗草为优势种,占据群落的上层空间,在下层有鸭舌草、节节菜、牛毛毡、矮慈姑等。在秋熟旱作物田,以马唐为优势种,其他重要杂草是牛筋草、狗尾草、鳢肠、铁苋菜、千金子、光头稗、小旱稗等。

该区主要根据夏熟作物田亚优势杂草的不同,分成3个亚区。

Ⅳ$_1$.长江流域亚区:牛繁缕冬季作物—单季稻一年两熟作物杂草亚区,在冬季作物田中,除看麦娘为优势种外,牛繁缕为亚优势种或主要杂草。该亚区向北,则逐渐过渡到看麦娘和猪殃殃及大巢菜组合的群落。沿江和沿海棉茬冬季作物田,有波斯婆婆纳和粘毛卷耳为优势种的杂草群落。该亚区其他特征杂草有稻槎菜、硬草、肉根毛茛、鳢肠和节节菜。

Ⅳ$_2$.南方丘陵亚区:雀舌草绿肥—双季稻一年三熟作物杂草亚区,雀舌草为冬季作物田仅次于看麦娘的重要杂草。其他特征杂草有裸柱菊、芫荽菊、水竹叶、圆叶节节菜、水蓼和酸模叶蓼等。

Ⅳ$_3$.云贵高原亚区:棒头草冬季作物—稻、玉米、烟草二年三熟作物杂草亚区,长芒棒头草和棒头草是仅次于看麦娘的重要冬季作物田杂草。其他重要特征杂草有早熟禾、遏蓝菜、尼泊尔蓼、千里光和辣子草等。

Ⅴ.华南热带南亚热区:稗、马唐双季稻—热带作物一年三熟作物杂草区。稗为稻田杂草群落优势种,在稻田还有鸭舌草、圆叶节节菜、节节菜、异型莎草、萤蔺、草龙、尖瓣花和蛇眼等重要杂草;马唐为热带旱作物田杂草群落优势种,还有胜红蓟、两耳草、水蓼、酸模叶蓼、香附子、含羞草、飞扬草、千金子、光头稗、龙爪茅、铺地黍和牛筋草等重要杂草。

模块巩固

1. 简要说明杂草的概念。
2. 简要说明杂草对农田的危害。
3. 杂草适应环境能力强表现在哪些方面？
4. 简要说明杂草繁衍滋生的复杂性与强势性。
5. 影响杂草与作物间竞争的因素有哪些？
6. 杂草防除阈值是指什么？
7. 什么是化感作用？在杂草治理中的应用有哪些？
8. 什么是杂草种子库？杂草种子库的输入与输出主要有哪几个方面？
9. 中国农田杂草区系和杂草植被被划分为哪个杂草区？

部分杂草的生物学
与生态学代表类型

模块二

农田杂草分类识别

【知识目标】

了解农田杂草分类的方法;熟悉各种分类方法中杂草的种类及其特点;掌握常见农田杂草及其分科识别要点。

【能力目标】

具备常见农田杂草识别的能力;能够独立或协作完成常见农田杂草的识别、分类等工作,为农田杂草防除奠定基础。

项目一　农田杂草分类

杂草分类是识别杂草种类的基础,而杂草种类的识别又是杂草的生物属性和生态学研究,特别是杂草防除和控制的基础。

一、根据植物系统分类

根据植物系统演化和亲缘关系的理论,将杂草按门、纲、目、科、属、种进行分类。这种分类比较准确和完整,是杂草分类的基础。通常,在杂草学中最常用的是科、属、种、亚种与变种。全世界有花植物约450科,其中少数几个科中约200种杂草会对农业生产造成损失。

95%以上的农田杂草属被子植物,其他为藻类植物、蕨类植物、苔藓类植物或裸子植物。如:稗草属于植物界、被子植物门、单子叶植物纲、禾本目、禾本科、稗属,其中有稗、野稗、长芒稗等种。

二、根据形态学分类

根据杂草的形态特征对杂草进行分类,可分为禾草类、莎草类、阔叶草类3类杂草,该种分类方法虽然较粗糙,但在杂草的化学防治中具有实际意义,许多除草剂就是根据杂草的形态特征进行选择的。

1. 禾草类

禾草类杂草主要包括禾本科杂草。其主要形态特征是茎圆形或略扁,有节和节间,节间中空，叶鞘开张，常有叶舌。胚具有1片子叶，叶片狭窄而长，叶脉为平行脉，叶不具叶柄。如稗草、狗尾草、马唐等。

2. 莎草类

莎草类杂草主要包括莎草科杂草。其主要形态特征是茎三棱形或扁三棱形，节与节间的区别不明显，茎常实心。叶鞘不开张，无叶舌。胚具有1片子叶，叶片狭窄而长，平行叶脉，叶不具叶柄。如扁秆藨草、日本藨草、牛毛草等。

3. 阔叶草类

阔叶草类杂草包括所有的双子叶植物杂草及部分单子叶植物杂草，其主要形态特征是茎圆形或四棱形。叶片宽阔，具网状叶脉，有柄。胚常具有2片子叶。如苍耳、藜、马齿苋、龙葵等。也有的阔叶杂草的叶片并不宽阔，如猪毛蒿等。

三、根据生境的生态学分类

生态学分类是根据杂草生长的环境以及杂草所构成的危害类型对杂草进行的分类。此种分类实用性强，对杂草的防治有直接的指导意义。

1. 耕地杂草

耕地杂草，又称田园杂草，是指能够在人们为了获取农业产品进行耕作的土壤上不断自然繁衍其种族的植物。

(1)农田杂草　是指能够在农田中不断自然繁衍其种族的植物。又可分为水田杂草、秋熟旱作物田杂草以及夏熟作物田杂草3类。

水田杂草是指水田中不断自然繁衍其种族的植物，包括水稻及水生蔬菜作物田杂草；秋熟旱作物田杂草是指秋熟旱作物田中不断自然繁衍其种族的植物，包括棉花、玉米、大豆、甘薯、高粱、花生、小杂粮、甘蔗和夏秋季蔬菜等田地的杂草，这类杂草一般是春、夏季出苗，秋季开花结实的杂草；夏熟作物田杂草是指能够在夏熟作物田中不断自然繁衍其种族的植物，包括麦类、油菜、蚕豆、绿肥以及春季蔬菜等作物田杂草。一般是冬、春出苗，春末、夏初开花结实的杂草。

(2)果、茶、桑园杂草　是指能够在果、茶、桑园中不断自然繁衍其种族的植物。由于果树、茶、桑均为多年生木本植物，故其间的杂草包括了秋熟旱作物田和夏熟作物田杂草的许多种类。当然，也有其本身的显著特点，多年生杂草比例高，其中部分种在农田中并不常见。

2. 非耕地杂草

非耕地杂草是指能够在路埂、宅旁、沟渠边、荒地、荒坡等生境中不断自然繁衍其种族的植物，这类杂草许多都是先锋植物或部分为原生植物。

3. 水生杂草

水生杂草是指能够在沟、渠、塘、河等生境中不断自然繁衍其种族的植物，它们的存在影响水的流动以及灌溉、淡水养殖、水上运输等。

4. 草地杂草

草地杂草是指能够在草原和草地中不断自然繁衍其种族的植物，其影响畜牧业生产。

5. 林地杂草

林地杂草是指能够在速生丰产人工管理的林地中不断自然繁衍其种族的植物。

6.环境杂草

环境杂草是指能够在人文景观、自然保护区和宅旁、路边等生境中不断自然繁衍其种族的植物。能影响人们要维持的某种景观,对环境产生影响。如豚草产生可致敏的花粉飘落于大气中,使大气受污染。由于杂草侵入被保护的植被或物种,影响被保护的植被或物种的生存和延续。

四、根据子叶的数目分类

1.单子叶杂草

种子的胚有1片子叶的杂草,这类杂草通常叶片窄而长,平行叶脉,无叶柄。包括禾本科杂草、莎草科杂草、单子叶阔叶杂草。其中单子叶阔叶杂草只有一个子叶,一般为子叶留土幼苗;根系为须根系,主根不发达;叶脉为平行脉。如鸭跖草、慈姑、泽泻、小根蒜。

2.双子叶杂草

种子的胚有2片子叶的杂草,草本或木本,叶片宽,叶脉网状,有叶柄。如苋科、蓼科、菊科、藜科、旋花科等。

五、根据生物学特性分类

根据杂草不同生活型和生长习性分类,这种分类的实用性比较强,在杂草生物、生态学研究和农业生态、化学、检疫及防治中有重要的意义。

1.一年生杂草

在一个生长季节完成从出苗、生长及开花结实的生活史。此类杂草在其生活史中只开花结实一次,以种子繁殖。如马齿苋、铁苋菜、马唐、稗草等。在我国北方地区,一年生杂草多在春季发芽、出苗,当年夏季或秋季开花、结实。由于各地气温的差异其发生时期不同,例如稗草在上海于4～8月发芽与出苗,辽宁省5月上中旬发芽与出苗,黑龙江省5～6月发芽、出苗。

在我国东北及内蒙古地区,一年生杂草由于萌发时期不同,可分为一年生早春杂草与一年生晚春杂草两大类,前者在4月下旬至5月上旬萌发出土,如藜、萹蓄等,后者在5月中旬至6月初萌发出土,如稗草、鸭跖草、苍耳等。

2.二年生杂草

此类杂草在两个生长季内或跨两个日历年度完成从出苗、生长及开花结实的生活史,即需要度过两个完整的夏季才能完成其生育周期,如秋季发芽、出苗,则需生育至第三年才能开花、结实。通常第一年发育庞大的根系,积累营养物质并形成叶簇,次年春季从根颈处抽薹,夏季开花、结实、种子繁殖,多分布于我国华北及东北地区,如飞廉、黄花蒿、野燕麦、看麦娘、播娘蒿、益母草等。它们多发生危害于夏熟作物田。

3.多年生杂草

多年生杂草是一次出苗,可在多个生长季节内生长并开花结实。其主要特点是开花结实后地上部死亡,次年春季从地下营养器官重新萌发,生成新株,一年开花结实一次,一生中可结实多次。即可进行种子繁殖,也可进行无性繁殖,从而维持多年生长,因此难以防治。

多年生杂草根据芽位和营养繁殖器官的特点又可分为以下几类。

(1)地下芽杂草　越冬或越夏芽在土壤中越冬,其中有根茎、块茎、块根及鳞茎等。

①根茎类杂草:地下茎有节,节上有退化的叶,在适宜条件下每个节生出一或数个芽,从而

形成新枝，凡是有节的根茎切成段都能长成新的植株，从而可以进行繁殖，如问荆、狗牙根、两栖蓼等。

②块茎类杂草：如水莎草、扁秆藨草等。

③球茎类杂草：此类杂草在土壤中形成球茎，利用球茎进行繁殖，而其种子繁殖能力很低，如野慈姑等。

④鳞茎类杂草：在土壤中形成鳞茎，到生育的第三年鳞茎便成为主要繁殖器官，如小根蒜等。

⑤直根类杂草：既有主根，又有很多小侧根，主根入土深，其下段很小或完全不分枝，根茎处生出大量芽，这些芽露出地面形成强大的株丛，而由一小段根也可形成新株，但仍以种子繁殖为主，如车前等。

(2)半地下芽杂草　越冬或越夏芽接近地表，如蒲公英。

(3)地表芽杂草　越冬或越夏芽在地表，如酢浆草、蛇莓、艾蒿等。

(4)沼泽、水生杂草　越冬芽在水中越冬，如眼子菜，此类杂草多为稻田杂草。

六、根据除草剂品种的作用特性，按照形态特征分类

生产上应用除草剂时，一般根据除草剂品种的作用特性，按照形态特征，将杂草划分为以下六类。

1. 多年生阔叶杂草

其具有 2 片子叶，以种子与营养器官繁殖，如田旋花、苣荬菜、蓟等。耕翻后能够再生，由于借助根茎与根芽进行繁殖，所以应用大多数土壤处理除草剂难以防治，通常采用传导性茎叶处理除草剂，才能够杀死地下繁殖器官。

2. 大粒一年生阔叶杂草

其具有 2 片子叶，种子繁殖，种子直径超过 2 mm，发芽深度达 5 cm，如果种子在药层下发芽，则应用土表处理除草剂难以防治，如苍耳、鸭跖草、苘麻等。

3. 小粒一年生阔叶杂草

其具有 2 片子叶，种子繁殖，种子直径小于 2 mm，一般在 0～2 cm 土层发芽，如藜、苋、荠、野西瓜苗等，用土壤处理除草剂可有效防治。

4. 多年生禾本科杂草

种子及营养器官繁殖，由于以地下营养器官繁殖为主，因此土壤处理除草剂难以防治，耕翻后能再生，宜用传导性苗后茎叶处理除草剂进行防治。此类杂草有狗牙根、假高粱、香附子等。

5. 大粒一年生禾本科杂草

种子直径超过 2 mm，发芽深度达 5 cm 以上，用土表处理除草剂难以防治，如野黍、双穗雀稗等。

6. 小粒一年生禾本科杂草

种子直径小于 2 mm，发芽深度 1～2 cm，土表处理除草剂能有效防治，如稗、马唐、金狗尾草等。

七、根据杂草生态习性分类

根据杂草对水分适应性的差异，可分为以下几类。

1. 湿生型杂草

其生长于陆地最潮湿的环境，如沼泽、河滩、山谷湿地等。代表性杂草有野荸荠、眼子菜等。在水少的条件下，地上部常枯死。

2. 旱生型杂草

其生长于相当干旱的条件下，如沙漠、干热山坡等，代表性杂草有刺儿菜等，在地上部分少，地下部分多，有较强的抗旱性。

3. 中生型杂草

其生长于水湿条件适中的土壤中，如看麦娘等。

4. 水生型杂草

其是全部或大部分浸没于水中的杂草，一般不脱离水环境，如萍草，金鱼藻等。

八、根据作物分类

生产上往往根据作物种类进行杂草调查与分类，如水稻田杂草、大豆田杂草、玉米田杂草、小麦田杂草、棉花田杂草、油菜田杂草、高粱田杂草、蔬菜田杂草、果园杂草等，其中除了一些伴生性杂草，如亚麻田中的亚麻荠，大豆田的苍耳、菟丝子、鸭跖草，麦田的野燕麦、鼬瓣花以外，不同作物田间杂草种类往往因轮作及土壤耕作情况而发生变化。

1. 水稻田杂草

水稻是我国种植的第一大作物，稻田长期积水，这种特殊的生态条件造成了独特的杂草群落，其群落组成受生态因子水分的影响很大，它是决定稻田杂草种类及其发生与分布的重要因素。水稻田常见杂草种类约 100 种，根据杂草对水分适应性的差异，可分为以下几类。

(1)旱生型　此类杂草多生于田埂及灌排渠道，在有水层时易于死亡，它们大部分为旱田杂草，如莎草、狼把草等，对水稻危害很轻。

(2)湿生型　此类杂草喜充分湿润的土壤，也能在旱田中生长，当水层保持在 15 cm 时其生长受到抑制，幼苗长期淹水便死亡。此类杂草在稻田分布广泛，危害严重，如稗草在世界各地稻田普遍发生，成为最重要的杂草。

(3)沼生型　此类杂草根生于土中，茎叶部分在水中，部分露出水面，无水层时生育不良或死亡，但水层深浅对其生育影响不大，如雨久花、鸭舌草、牛毛毡等。此类杂草分布很广泛，是稻田主要杂草，危害严重。

(4)水生型　此类杂草根生于土中，叶片沉没或漂浮于水中，缺乏水层，特别是土壤干旱时易于死亡，如眼子菜、菹草、沟繁缕、小茨藻等。

(5)漂浮型　此类杂草漂浮于水面或水中，降低水温与土温，如小浮萍、紫背浮萍。

(6)藻类型　其是低等绿色植物，土壤干燥时便死亡，它们生于水中，根不入土，漂浮于水中，如水绵、网水绵。

2. 大豆田杂草

大豆田杂草很多，经常发生危害导致作物减产的有 20 多种，如苣荬菜、刺儿菜、鸭跖草、大豆菟丝子、苍耳、本氏蓼、苘麻、苋、牛筋草、藿香蓟、苍耳等。

3. 玉米田杂草

玉米是我国主要的粮食作物，玉米田杂草发生普遍，杂草种类较多，有马唐、稗、藜、苋、苣荬菜、双穗雀稗、牛筋草、狗尾草等。

4.小麦田杂草

小麦是我国重要的粮食作物,栽培面积和总产量仅次于水稻,危害麦田的杂草达200种以上。

(1)冬小麦田杂草　冬小麦草害区主要集中在南方稻麦轮作区,主要的杂草有看麦娘、猪殃殃、繁缕、巢菜、麦家公等。

(2)春小麦田杂草　春小麦草害区主要集中在西北、东北、华北北部,主要的杂草有野燕麦、田旋花、藜、卷茎蓼、苣荬菜、香薷、大刺菜等。

九、根据株形分类

根据杂草出苗后植株的形态可分为直立型杂草、匍匐型杂草、半直立型杂草、蔓生型杂草、浮游型杂草五类。

1.直立型杂草

该类杂草植株直立,如稗、藜、苋、苍耳等。

2.匍匐型杂草

该类杂草茎平铺地面,如蒺藜、马齿苋、地锦草等。

3.半直立型杂草

该类杂草茎斜立,如荩草、马唐、牛筋草等。

4.蔓生型杂草

该类杂草茎蔓生,缠绕或匍匐分枝,如田旋花、圆叶牵牛、卷茎蓼。

5.浮游型杂草

多数为稻田杂草,沉水或飘浮于水面,如紫背浮萍、品藻、眼子菜、小茨藻等。

十、根据生长习性分类

根据杂草的生长习性可分为草本类杂草、藤本类杂草、木本类杂草、寄生杂草四类。

1.草本类杂草

其茎多非木质化或少木质化,茎直立或匍匐,大多数杂草均属此类,如藜、苋、苍耳、马唐、田旋花等。

2.藤本类杂草

其茎多缠绕或攀缘等。如打碗花、葎草和乌剑莓等。

3.木本类杂草

其茎多木质化,直立。多为森林、路旁和环境杂草。

4.寄生杂草

此类杂草多营寄生性生活,从寄主植物上吸收部分或全部所需的营养物质。根据寄生特点可分为全寄生杂草和半寄生杂草。

(1)全寄生杂草　全寄生杂草的叶片退化为鳞片,地上部分器官无叶绿素,不能进行光合作用,完全失去自制营养能力,寄生于寄主植物的根、茎或叶上,吸收寄主营养物质进行生长。如菟丝子、列当。

全寄生杂草又可分为根寄生和茎寄生两类。

①根寄生杂草:根寄生杂草的典型代表是列当属,寄生于向日葵、番茄、烟草、茄子、大麻、

亚麻及瓜类作物，它们没有叶片，仅在茎上生出螺旋状褐色鳞片，肉质直茎，顶端的鳞片内着生小花，种子繁殖，每株结实可达10万粒之多，借助风、水进行传播。

②茎寄生杂草：茎寄生杂草的典型代表是菟丝子属，寄生于大豆、亚麻及十字花科作物，这类杂草一年生，以种子繁殖，种子在土壤中可生存1～5年。种子发芽后幼苗一端在土中，另一端向上生长；茎丝状，黄色，无叶片，遇寄主产生吸盘，缠绕寄主上吸收营养，这时入土的一端便死亡，从而营全寄生生活。菟丝子主要分布于我国新疆、山东、安徽、江西、吉林及黑龙江等地。

(2)半寄生性杂草　地上部器官含有叶绿素，能进行光合作用合成部分营养物质，但还是依靠寄主供给的营养物质为主，可以通过导管从寄主体吸收水分和无机盐。如桑寄生、独脚金等。

十一、根据杂草高矮分类

根据杂草高矮可分为高层杂草、中层杂草、低层杂草三种。

1.高层杂草

其又称上层杂草，同作物高度相等或超过作物高度，覆盖度大的杂草。如稗草、异型莎草等。

2.中层杂草

杂草高度与作物高度相比约为1∶2。如水田中的日照飘拂草，麦田中的一年蓬等。

3.低层杂草

其又称下层杂草，高度与作物高度相比小于1∶2，像密度较高的矮生性杂草，如水田中的牛毛毡、麦田中的繁缕等。

十二、根据杂草在田间发生期分类

根据杂草在田间发芽与出苗时期的早晚可分为冬生杂草、早春杂草、晚春杂草。

1.冬生杂草

冬生杂草又称为越年生杂草，此类杂草在9～10月开始发生，主要为害越冬作物，如冬小麦田的杂草繁缕、看麦娘、播娘蒿、荠等。

2.早春杂草

此类杂草在3～4月发生，为害冬小麦、春小麦、亚麻及其他春播作物。如藜、萹蓄、问荆等。

3.晚春杂草

此类杂草在4～7月发生，为害大多数作物，如升马唐、鸭跖草、画眉草、苍耳、反枝苋等。

十三、根据为害和危险程度分类

根据杂草分布发生范围、群体数量、相对防除难易、对作物生产造成损失程度分为恶性杂草、区域性恶性杂草、常见杂草、一般杂草。

十四、根据杂草的起源分类

从杂草的起源来说，近代农田杂草可分为专性杂草、兼性杂草、作物中的杂草3种类型，在模块一中已进行论述。

项目二 农田常见杂草分科与识别

一、木贼科

问荆，别称接骨草、马草、土麻黄、笔头草等，木贼科多年生杂草（图 2-1），为北方夏熟作物田及部分秋熟作物田主要杂草。主要分布于东北、华北、山东、湖北、四川以及新疆、西藏等地。

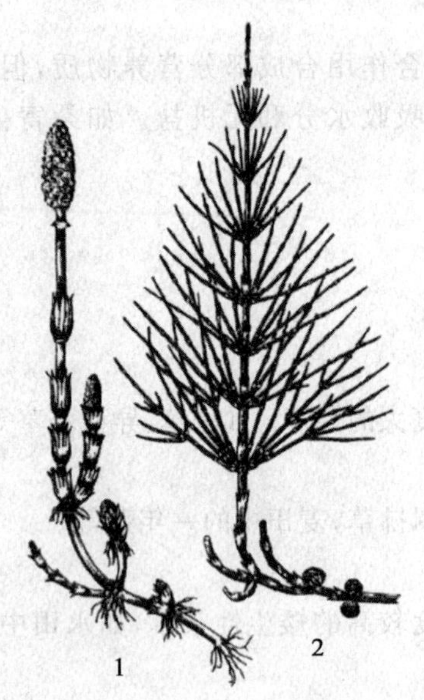

1. 生殖枝 2. 营养枝

图 2-1 问荆

问荆为中小型植物，根茎发达，入土深 1～2 m。根茎斜升，黑棕色，节和根密生黄棕色长毛或光滑无毛。地上茎直立，当年枯萎，二型。孢子茎，肉质，春季先萌发，高 10～30 cm，黄白色、淡黄色或黄棕色，不分枝，脊不明显，密生纵沟；叶退化为鞘状，鞘筒栗棕色或淡黄色，具长而大的棕褐色鞘齿，鞘齿 9～12 枚，狭三角形，鞘背仅上部有一浅纵沟，孢子散后孢子茎枯萎。孢子囊穗状顶生，圆柱形，顶端钝，成熟时柄伸长，柄长 3～6 cm；营养茎，于孢子茎枯萎前在同一根茎上生出，绿色，高 15～60 cm，分枝轮生，单一或分支，主枝中部以下有分枝，具棱脊 6～15 条，表面粗糙，叶变成鞘状，鞘筒狭长，绿色，有黑色小鞘齿，鞘齿三角形，5～6 枚，中间黑棕色，边缘膜质，淡棕色，宿存。

根茎繁殖为主，孢子也能繁殖。根茎在土壤中横走，可长达几米，喜潮湿微酸性土壤。在我国北方 4～5 月生出孢子茎，孢子迅速成熟后随风飞散，不久孢子茎枯死；5 月中下旬生出营养茎，9 月营养茎死亡。

二、百合科

薤白，别称小根蒜、山蒜、苦蒜、小根菜、野蒜、野葱、野藠，百合科多年生杂草。

鳞茎近球状，粗 0.7～2 cm，基部常具小鳞茎；鳞茎外皮纸质或膜质。叶互生，3～5 枚，半圆柱状，或因背部纵棱发达呈三棱状半圆柱形，中空，基部鞘状抱茎。花葶直立，圆柱状，高 30～60 cm，1/4～1/3 被叶鞘。伞形花序半球状至球状，具多而密集的花，或间具珠芽或有时全为珠芽。花梗细长，具苞片；小花梗近等长，比花被片长 3～5 倍，基部具小苞片；珠芽暗紫色，基部也具小苞片；花被粉红色，背脊紫红色。蒴果倒卵形。

薤白通过鳞茎和种子繁殖。以鳞茎和幼苗越冬，越冬鳞茎早春出苗。成熟种子经过一段时间休眠后即可萌发，花果期 5～7 月。

三、桑科

葎草，别称拉拉秧、拉拉藤、勒草。一年生或多年生草质藤本杂草，除新疆、青海外，我国各省均有分布。

葎草的茎匍匐或缠绕，成株茎长达 5m，茎枝和叶柄上密生倒刺，有分枝，具纵棱。叶对生，具有长柄 5～20 cm,掌状 3～7 裂,裂片卵形或卵状披针形,基部心形,两面生粗糙刚毛,下面有黄色小油点,叶缘有锯齿。花腋生,雌雄异株,雄花成圆锥状柔荑花序,花黄绿色十分细小,花萼裂片 5 片,雄蕊 5 枚;雌花为球状的穗状花序,由紫褐色且带点绿色的苞片所包被,苞片的背面有刺,子房单一,花柱 2 枚。

其瘦果呈圆形,略扁,长 4.5～5.1 mm,宽 3.6～4.2 mm,厚 2 mm。顶端具短喙,果皮红褐色至黑褐色,表面粗糙,散布着灰白色或灰褐色鳞片状斑纹,果实每个面具 4～5 条纵棱,沿果实边缘略突出,呈脊状,内含 1 粒种子。

种子萌发后子叶带状,长达 2～3 cm,先端急尖,全缘,叶基楔形,具 1 条明显中脉,无毛,无叶柄。下胚轴发达,紫红色,上胚轴很短。初生叶 2 片,卵形,3 裂,每裂片边缘具钝齿,有柄,叶片与叶柄皆有毛。幼苗呈暗灰绿色,全株除子叶和下胚轴外,密被短柔毛。

四、蓼科

1. 酸模叶蓼

酸模叶蓼,别称旱苗蓼、斑蓼、夏蓼、大马蓼,为夏熟作物田杂草之一,亦发生在秋熟作物田,主要分布于黑龙江、辽宁、河北、山西、山东等地(图 2-2)。

酸模叶蓼属蓼科一年生草本,高 30～200 cm,茎直立,上部分枝,粉红色,节部膨大。叶片宽,被针形,大小变化较大,顶端渐尖或急尖,表面绿色,常有黑褐色新月形斑点,两面沿主脉及叶缘有伏生的粗硬毛;托叶鞘筒状,无毛,淡褐色。花为圆锥花序,苞片膜质,边缘疏生短睫毛,花被粉红色或白色,深裂 4 片,雄蕊 6;花柱 2 裂,向外弯曲。

1. 子房　2. 瘦果　3. 花　4. 成株

图 2-2　酸模叶蓼

果实为瘦果,阔卵形,顶端突尖,两侧扁,微凹,基部圆形。果体长约 2.7 mm,宽约 2.5 mm。果皮暗红褐色至红褐色,表面呈颗粒状粗糙或近平滑,具光泽,果脐圆环状,红褐色,位于种子基部,果皮革质,内含 1 粒种子。

子叶卵形,长 9 mm,宽 4 mm,先端急尖,全缘,叶基阔楔形,无毛,具短柄。下胚轴非常发达,淡红色,上胚轴亦很发达。初生叶 1 片,互生,单叶,卵形,先端钝尖,全缘,叶基楔形,其背面密生白色棉毛,具叶柄,基部有膜质托叶鞘,鞘口平截而无缘毛。后生叶与初生叶相似。

2. 水蓼

水蓼,别称辣蓼,酸不溜。在我国各省均有分布。在长江以北地区以夏秋季发生为主(图 2-3)。

水蓼为一年生草本,高 20～80 cm,茎直立或下部俯卧,绿色或紫红色,节明显膨大。叶披针形,两端渐尖,通常两面都有腺点,无毛或叶脉及叶缘上有小刺状毛;托叶鞘筒形,紫褐色,顶端有睫毛。花序穗状,下部细长且花簇间断;苞片钟形,疏生缘毛和小腺点;花疏生,白色至淡红色,花被 5 深裂,有明显的腺点;雄蕊常 6;花柱 2～5 裂.瘦果扁卵形,具 2 棱,少数有 3 棱,表面密布细网纹,暗褐色,稍有光泽,内含一粒种子。

其幼苗子叶卵形,具短柄,上、下胚轴均发达,红色。初生叶1片,互生,单叶,倒卵形,有1条明显中脉,红色,具叶柄,基部有膜质的托叶鞘,鞘口上有数条短缘毛。后生叶披针形,全株光滑无毛。

3. 卷茎蓼

卷茎蓼,别称荞麦蔓,为蓼科一年生蔓性杂草,尤以东北、华北北部、西北地区危害较为严重(图 2-4)。

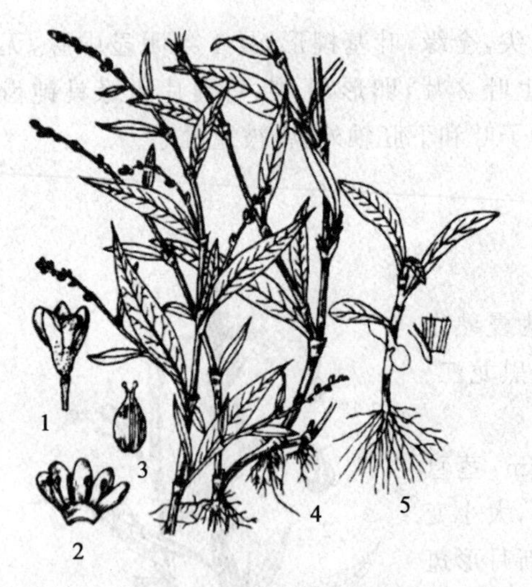

1. 花 2. 花被 3. 瘦果 4. 成株 5. 幼苗

图 2-3 水蓼

1. 成株 2. 瘦果 3. 花被 4. 幼苗

图 2-4 卷茎蓼

卷茎蓼的茎缠绕,细长,达1 m以上,有纵条棱,纵棱上有细小钩刺。叶互生,长柄;叶片长圆状卵形或戟形,先端渐尖,基部心形或戟形,沿叶脉有小刺,全缘,无毛或沿叶脉和边缘疏生短毛;托叶鞘短,膜质,斜截形;穗状花序,花少数,数枚小花簇生于叶腋,苞片绿色,三角状卵形;花梗较短,花被淡绿色,花被5深裂,雄蕊8个,柱头3裂。瘦果卵形,深黑色,长2.5~3.5 mm,有三棱,果棱锐,表面有白色腺点,外被花被。

其幼苗上、下胚轴发达,下胚轴淡红色,密生极细的刺状毛,下胚轴被子叶柄相连而成的"子叶鞘"包裹,六棱形;子叶2片,长椭圆形,长1.5~2 cm,具短柄。初生叶1片,卵形,基部宽心形,具长柄。

4. 本氏蓼

本氏蓼,别称柳叶刺蓼。为蓼科一年生杂草。分布于东北、华北等地。

本氏蓼的茎直立,多分枝,高30~80 cm,疏生倒向钩刺。叶互生,有短柄,叶片披针形或长圆状披针形,长3~13 cm,宽1~2.5 cm,全缘,有睫毛,先端短渐尖或稍钝,基部楔形。托叶鞘筒状,膜质,先端截形,有长睫毛。花序穗状,细长,顶生或腋生,穗轴密生腺毛;苞片漏斗状,上部为紫红色,苞内生有3~4朵花;花排列稀疏;花被白色或淡红色,花被5深裂,裂片椭圆形。瘦果圆形而略扁,黑色,无光泽,长约3.5 mm。

其幼苗全株密被紫红色乳头状腺毛。幼苗下胚轴发达,上胚轴不明显。子叶长卵形,长

1.2 cm，宽 4 mm，先端锐尖，有短柄。初生 2 片，长圆形，先端钝圆，叶缘及叶脉具短刺毛。后生叶卵形或椭圆形。

五、黎科

1. 藜

藜，别称灰藜、大叶灰菜。为藜科一年生草本，除西藏外我国各地均有分布(图 2-5)。

藜高 30～150 cm。茎直立，粗壮，具条棱及绿色或紫红色色条，多分枝。叶互生，茎下部的叶片菱状三角形，有不规则的牙齿或浅齿；上部叶片宽披针形，全缘或稍有牙齿。叶片上面通常无粉，有时嫩叶的上面有紫红色粉，下面多少有粉；叶柄与叶片近等长，或为叶片长度的 1/2。花两性，花簇于枝上部排列成或大或小的穗状或圆锥状花序；花被裂片 5 片，宽卵形至椭圆形，背面具纵隆脊，有粉，先端或微凹，边缘膜质；雄蕊 5，花药伸出花被、柱头 2。胞果近圆形，光滑，宿存花被内或顶端裸露，种子卵圆形，双凸镜状，黑色，表面光滑。

1. 胞果　2. 成株　3. 幼苗

图 2-5　藜

藜的幼苗子叶椭圆形，长约 1.4 cm，宽 4 mm，肉质肥厚，先端钝圆，全缘，背面有银白色粉粒，具长柄。下胚轴及上胚轴均较发达，前者紫红色，后者密被粉粒。子叶近条形，先端钝，略带紫色，叶下面有白粉，具柄。初生叶 2 片，三角状卵形，先端钝，叶缘波状，主脉明显，叶片下面大多呈紫红色，两面均布满白粉。

2. 灰绿藜

灰绿藜，别称水灰菜、翻百藜、小灰藜、盐灰菜。为藜科一年生草本，分布于我国东北、华北、西北地区以及江苏、浙江、湖南等省。

灰绿藜株高 10～45 cm。茎通常有基部分枝，有绿色或紫红色条纹，茎处倾或平卧，有沟槽与条纹。叶片厚，带肉质，椭圆状卵形至披针形，长 2～4 cm，宽 5～20 mm，顶端急尖或钝，边缘有波状齿，基部渐狭，表面深绿色，中脉明显，叶片背面灰白色、密被粉粒。叶柄短。团伞花序排列成穗状或圆锥状。花两性或兼有雌性。花簇短穗状，腋生或顶生。花被片 3～4 片，浅绿色，肥厚，基部合生。胞果裸露，花被片甚小，3～4 片，表面粗糙，无光泽，边缘膜质。胞果扁圆形，径长约 0.5 mm。果皮黄白色或灰绿色，顶端有残存花柱，内含 1 粒种子。种子与果实同形，种皮革质，呈暗褐色或亮黑色，表面有光泽和细微点纹。

其子叶长约 0.6 cm，稍肥厚，狭披针形，先端钝，基部略宽，具短叶柄，子叶与下胚轴均呈紫红色。下胚轴及上胚轴均较发达，下胚轴紫红色，上胚轴有沟槽与条纹。初生叶 2 片，对生，叶肥厚，呈三角状卵形，先端圆，基部戟形，全缘，1 条主脉明显，叶柄几与叶片等长，叶下面有白粉。

3. 小藜

小藜，别称我灰条、小灰条、小叶灰菜。为藜科一年生草本，除西藏外全国各地均有分

1. 胞果 2. 幼苗 3. 成株

图 2-6 小藜

布(图 2-6)。

小藜株高 20～60 cm。茎直立，多分枝，具条棱及绿色色条。叶片卵状矩圆形，长 2.5～5 cm，宽 1～3.5 cm，通常 3 浅裂；中裂片两边近平行，先端钝或急尖并具短尖头，边缘具深波状锯齿；侧裂片位于中部以下，通常各具 2 浅裂齿。下部的叶片近基部有两个较大的裂片。叶被密生白色粉粒。花两性，花序圆锥状花序；花被淡绿色，近球形，5 深裂，裂片宽卵形，不开展，背面具微纵隆脊并有蜜粉；雄蕊 5，开花时外伸，与花被片对生；柱头 2，丝形。

其胞果完全包于宿存花被内，果皮膜质，表面有蜂窝状脉纹，干后具白色粉末状小泡。果内含 1 粒种子，种子扁圆形，亮黑色。

其幼苗子叶长椭圆形或带状，长 7 mm，宽 2 mm，先端钝圆，全缘，叶基阔楔形，稍肉质，具短柄。下胚轴与上胚抽均较发达，玫瑰红色。初生叶 2 片，对生，单叶，椭圆形，全缘或具疏锯齿，叶基两侧有 2 片小裂齿，具短柄。后生叶披针形，互生，叶基的两侧亦常有 2 片小裂齿。背面密布白色粉粒。

4. 地肤

地肤，别称扫帚苗、蒿蒿头、独扫帚。为藜科一年生草本，分布全国，尤以东北地区最为普遍。

地肤株高 50～100 cm。根略呈纺锤形。茎直立，圆柱状，淡绿色或带紫红色，有多数条棱，稍短柔毛或下部几无毛。叶互生，披针形至线状披针形，长 2～5 cm，宽 3～9 mm，无毛或稍有毛，边缘有疏生的锈色绢状缘毛；茎上部叶较小，无柄，1 脉。花两性或雌性，通常 1～3 朵生于上部叶腋，构成疏穗状圆锥花序，花下有时有锈色长柔毛；花被近球形，淡绿色，花被裂片近三角形，无毛或先端稍有毛；翅端附属物三角形至倒卵形，有时近扇形，膜质，脉不很明显，边缘微波状或具缺刻；雄蕊 5 枚，花丝丝状，花药淡黄色；柱头 2 枚，丝状，紫褐色，花柱极短。胞果宿存花被，扁圆形或椭圆形，果皮膜质，浅灰色，易剥离。种子倒卵形，扁平，褐色至黑色。

地肤子叶长椭圆形或带状，长 8 mm，宽 2 mm，先端状，全缘，1 条明显的中钝脉，无毛，无叶柄。下胚轴非常发达，紫红色，上胚轴极短，被长柔毛。初生叶 1 片，互生，单叶，两头尖的椭圆形，先端急尖，全缘，有睫毛，无叶柄。后生叶与初生叶相似。

六、苋科

1. 反枝苋

反枝苋，别称苋、苋菜、野苋菜、西风谷、野千穗谷、人苋菜、红枝苋。为苋科一年生杂草，适应性强，分布于东北、华北、西北、华东等地(图 2-7)。

反枝苋株高 20～100 cm。茎直立，粗壮，有分枝，稍有钝棱，密生短柔毛。叶互生，有柄，叶片倒卵形或卵状披针形，先端微凸或微凹，叶脉明显隆起，边缘略显波状，有绒毛。花簇多刺毛，集成稠密的顶生和腋生的圆锥花序，苞片干膜质。胞果扁球形，淡绿色。种子倒卵形至圆形，略扁，黑色，表面光滑有光泽。

反枝苋幼苗下胚轴发达，紫红色；上胚轴有毛；子叶长椭圆形，长 1～1.5 cm，先端钝，基部楔形，具柄，叶上面呈现灰绿色，下面紫红色；初生叶 1 片，单叶互生，卵形，全缘，先端微微凹，叶下面呈紫红色；后生叶形状同初生叶，但叶片的边缘有一圈透明的狭边，并有睫毛。

2. 凹头苋

凹头苋，别称紫苋、野苋菜、光苋菜。一年生草本，除宁夏、青海、内蒙古、西藏外其他各地均有分布(图 2-8)。

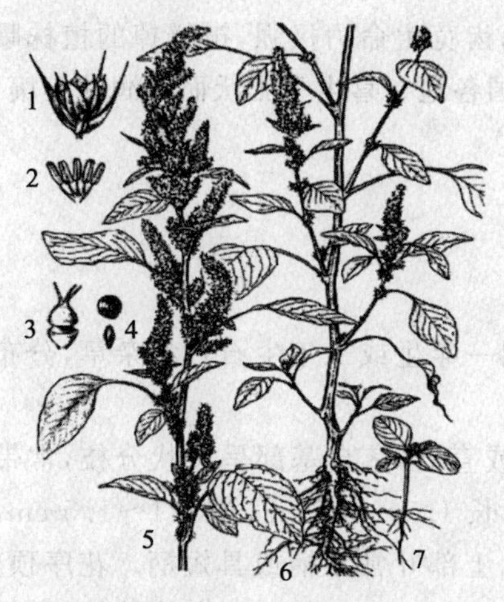

1. 花 2. 雄蕊 3. 果实 4. 种子
5. 植株上部 6. 植株下部 6. 幼苗

图 2-7 反枝苋

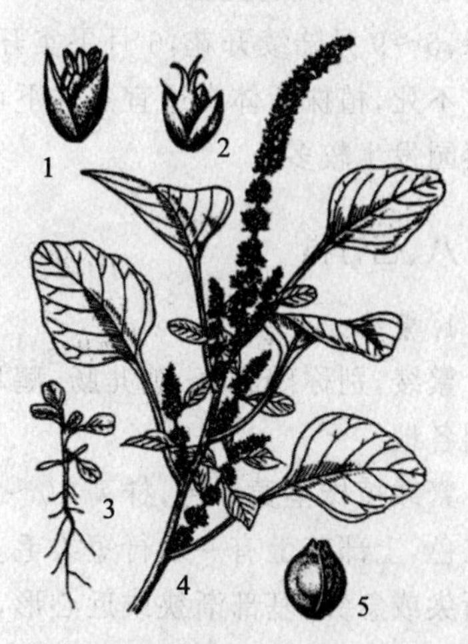

1. 胞果 2. 幼苗 3. 成株
4. 成株 5. 胞果

图 2-8 凹头苋

凹头苋株高 10～30 cm，茎平卧上升，植株无毛，从基部分枝，淡绿色或紫红色。叶片卵形或菱状卵形，长 1.5～4.5 cm，宽 1～3 cm，顶端凹缺，具 1 芒尖，基部宽楔形，全缘或成波状。花簇大部分腋生，直至下部叶腋，生在茎端或枝端者成直立穗状花序或圆锥花序。苞片和小苞片长圆形。花被片呈长圆形至披针形，3 片，膜质，背部中脉隆起，顶端急尖。雄蕊比花被片稍短；柱头 3 或 2，果熟时脱落。胞果宿存花被内，近扁圆形，略皱缩而近平滑，不开裂。种子黑色，呈双凸透镜形，边缘具环状边。

下胚轴很发达，上胚轴极短，初生叶 1 片，单叶互生，阔卵形，先端平截，并具凹缺，叶基阔楔形，具长柄。后生叶与初生叶相似，异点在于叶缘略呈波皱，先端具深凹缺。幼苗全株光滑无毛。

七、马齿苋科

马齿苋，别称马齿菜、长寿菜、马须菜、马蛇子菜。属马齿苋科一年生肉质杂草，

马齿苋植株全体光滑无毛，长可达 35 cm，茎自基部四散分枝，下部匍匐，上部略能直立或斜上；茎肉质，肥厚多汁，全体光滑无毛，绿色、淡紫色或紫红色。叶片肉质肥厚，光滑，上表面深绿色，下表面淡绿色，单叶，互生或假对生，叶柄极短或近无柄；叶片楔状长圆形、匙形或倒卵形，全缘，先端圆、稍凹或平截，全缘，基部宽楔形，形似马齿，故名“马齿苋”。花瓣 5 片，稀 4 片，黄色，3～5 朵簇生枝顶，无梗。萼片 2 个，对生绿色，盔形。雄蕊 8 个，长 12 mm，花柱比雄蕊长，柱头 4～6 裂。蒴果圆锥形，盖裂。种子极多，肾状扁卵形，黑褐色，直径不到 1 mm，有

小疣状突起。

马齿苋幼苗紫红色，肉质，光滑无毛。下胚轴发达，上胚轴不发达。子叶肥厚，椭圆形或卵形，长约 0.4 cm，具短柄。初生叶 1 片，倒卵形，互生，单叶，先端钝圆，基部楔形，全缘，并向外卷，中脉 1 条，具短柄。后生叶倒卵形，全缘。全株无毛，表面有蜡质光泽。

马齿苋种子繁殖。其种子喜温，春、秋季均可萌发，为夏季田间常见杂草。种子萌发适宜温度 20～30℃，适宜土层深度 3 cm 以内。5 月出现第一次出苗高峰，8～9 月出现第二次出苗高峰，5～9 月陆续开花，6 月果实开始渐次成熟散落。马齿苋生命力极强，被铲掉的植株曝晒数日不死，植株断体在适宜条件下可生根成活。遍布全国各地。喜生于肥沃而湿润的土壤，尤以菜园发生较多。

八、石竹科

1. 繁缕

繁缕，别称鹅肠菜、鸡儿肠、鹅耳伸筋、乱眼子草。属一年生或二年生石竹科杂草，分布于我国各地。

繁缕植株呈黄绿色，株高 10～30 cm，茎蔓生，平卧或直立，茎自基部呈叉状分枝，常带淡紫红色，上部茎上有一纵行短柔毛。叶片宽卵形或卵形，长 1.5～2.5 cm，宽 1.1～1.5 cm，顶端渐尖或急尖，基部渐狭或近心形，全缘；基生叶具长柄，上部叶常无柄或具短柄。花序顶生，疏聚伞花序；花梗细弱，具 1 列短毛，花后伸长，下垂，长 7～14 mm；萼片 5，卵状披针形，长约 4 mm，顶端稍钝或近圆形，边缘宽膜质，外面被短腺毛；花瓣白色，长椭圆形，比萼片短，深 2 裂达基部，裂片近线形；雄蕊 3～5，短于花瓣；花柱 3，线形。蒴果卵形，外具宿存花萼，果实顶端具 3 条残存花柱，果皮薄，成熟时 3 瓣开裂，每瓣顶端又 2 裂，果内含多数种子。种子近圆形，直径长约 1 mm，两侧扁，密生疣状突起。

繁缕子叶卵形，长 6 mm，宽 3 mm，先端急尖，全缘，叶基阔楔形，有叶脉，无毛，具长柄。下胚轴明显，上胚轴较发达，无毛。初生叶 2 片，单叶，对生，卵圆形，先端突尖，全缘，叶基圆形，具长柄，柄上疏生长柔毛，两柄基部相连合抱轴。后生叶与初生叶相似。

繁缕种子繁殖，种子越冬。繁缕从春到秋均可出苗，且秋季生长繁茂。繁缕种子繁殖量大，生命力强，每株可结种子 500～2 500 粒。浅埋的种子可存活 10 年以上，深埋的种子可存活 60 年以上。种子有 2～3 个月的原生休眠期。种子萌发的最低温度为 2℃，适宜温度为 12～20℃，超过 30℃不发芽。适宜的土层深度为 1～2 cm。较耐低温，可在 2℃的条件下生长，在－10℃可存活。

2. 牛繁缕

牛繁缕，别称鹅儿肠、鹅肠菜。二年生或多年生草本，产于我国东北、华北、华东、华南地区。

牛繁缕株高 20～40 cm，茎二叉状分枝，下部无毛，上部被短腺毛。叶对生，叶片卵形或长圆状卵形，长 2.5～5.5 cm，宽 1～3 cm，顶端急尖，基部心形，全缘，有时边缘具毛；下部具叶柄，叶柄长 5～20 mm，具狭翅，两侧疏生睫毛；上部叶常无柄或具短柄，疏生柔毛。花序顶生，二歧聚伞花序；苞片叶状，边缘具腺毛；花梗细，长 1～2 cm，花后伸长并向下弯，密被腺毛；萼片 5，卵状披针形或长卵形，长 4～5 mm，果期长达 7 mm；花瓣 5，白色，2 深裂达基部，裂片线形或披针状线形，长 3～3.5 mm，宽约 1 mm；雄蕊 10，稍短于花瓣；花柱 5，子房长圆形，花柱短，线形。

其蒴果卵状圆锥形，花萼宿存，果实顶端具5条残存花柱，果皮薄，成熟时5开瓣裂，每瓣顶端又2裂，内含多数种子。种子近圆形或卵状肾形，两侧扁，中央略凹陷。种皮黄色或黄褐色。

其子叶卵形，长6 mm，宽3 mm，先端尖锐，全缘，无毛，长柄。下胚轴与上胚轴均较发达，常带红色。初生叶2片，单叶，对生，阔卵形，先端突尖，全缘，叶基近圆形，叶柄具疏生长柔毛，两柄基部相连合抱着轴。后生叶与初生叶相似。

九、豆科

1. 野大豆

野大豆，别称野黑豆、鹿藿，一年生缠绕性草本，分布于东北、华北、华中、西北等地。

野大豆主根细长，可达20 cm以上，侧根稀疏；蔓茎纤细，长可达4 m，略带四棱形，密被浅黄色硬毛。叶互生，3小叶，总叶柄长2～5.5 cm，被浅黄色硬毛；小叶片长卵状披针形、披针状长椭圆形或卵形，长2～6.5 cm，宽1～3.5 cm，基部菱状楔形、宽楔形或近圆形，先端渐尖或少有钝状，并具短尖头，侧生小叶片基部常偏斜，表面绿色，背面浅绿色，两面均有浅黄色紧贴硬毛，叶脉于两面稍隆起，全缘，小叶柄根短，密披棕褐色硬毛，基部具托叶，托叶细小而呈针状。花蝶形，淡红紫色，腋生总状花序，花萼钟状，5裂，旗瓣近圆形，雄蕊常为10枚，单体。子房上位，1室。荚果长椭圆形，微弯曲，长约3 cm，果皮棕黄色，表面密被金黄色硬毛。成熟时开裂，内含2～4粒种子。种子肾状阔椭圆形，两端拱圆，长3～5 mm，宽2.5～3.5 mm。种皮黑色，外被一层黄白色附属物，表面粗糙，无光泽。

野大豆的子叶阔卵形，长1 cm，宽0.6 cm，先端钝圆，全缘，叶基近圆形，有明显叶脉，无毛，具短柄。下胚轴、上胚轴均发达，并有斜垂直生毛。初生叶2片，单叶，对生，卵形，先端急尖，全缘，叶基心形，具长柄，柄上密生短柔毛，托叶细小，呈三角形。后生叶为3出羽状复叶，小叶形态与初生叶相似。

2. 广布野豌豆

广布野豌豆，别称草藤、兰花草、苔草、肥田草。多年蔓生杂草，分布于全国各地，北方地区发生比较普遍。

其成株的茎攀缘，具棱，有微毛，长50～150 cm。偶数羽状复叶，有具分枝的卷须，狭椭圆形或狭披针形，长10～30 cm，宽2～3 mm，先端有突尖，基部圆形，上面无毛，下面有毛。叶轴有淡黄色柔毛。托叶披针形，或戟形，上部有2深裂，有毛。萼片斜钟形，萼齿5枚。总状花序腋生，有花7～15朵，花冠紫色或蓝紫色。荚果长圆形，黑褐色，两端急尖，略膨胀，种子近球形，黑色（图2-9）。

1. 花萼　2. 幼苗　3. 荚果
4. 花蕊　5. 花　6. 成株

图2-9　广布野豌豆

其幼苗上胚轴发达，带紫红色，初生叶为1或2对小叶组成的羽状复叶。小叶狭椭圆形，先端急尖，叶基近圆形。后生叶均为偶数羽状复叶，顶端具卷须，托叶披针形。

十、大戟科

铁苋菜，别称蚌壳草、海蚌含珠、榎草、小耳朵草。属大戟科一年生杂草，除西部高原或干燥地区外，我国大部分地区均有分布。

铁苋菜株高 20～50 cm，全株被柔毛。茎直立，多分枝，有棱，小枝细长。叶互生，膜质，具长柄，长卵形、卵状菱形或椭圆状披针形，长 3～9 cm，宽 1～5 cm，先端渐尖，基部楔形，边缘具钝齿，两面无毛或被短毛，下面沿中脉具柔毛，三出叶脉，侧脉 3 对。叶柄长 2～6 cm，具短柔毛；托叶披针形，长 1.5～2 mm，具短柔毛。花单性，雌雄同序，穗状花序，腋生，无花瓣。雄花多，生于花序的上部，带紫红色，雌花生于花序基部，通常 3 花生于叶状苞片内。苞片三角形，萼 3 裂，裂片宽卵圆形。蒴果，钝三角状球形，直径 4 mm，有毛。种子近球形，长 1.5～2 mm，褐色，种皮平滑。

铁苋菜幼苗淡紫红色，幼苗除子叶外全株被毛。下胚轴发达，上胚轴不发达，下胚轴密被斜垂直生毛，上胚轴密被斜垂弯生毛。子叶近圆形，长约 0.6 cm，全缘。初生叶 2 片，卵形，先端圆，具短柄，边缘有疏齿。子叶及真叶叶片下面和下胚轴均呈淡紫红色，。

铁苋菜种子繁殖。喜湿，地温稳定在 10～16℃时萌发出土，种子萌发的适宜温度 10～20℃。我国中北部，4～5 月出苗，6～7 月为出苗高峰，7～8 月陆续开花结果，8～10 月果实渐次成熟。种子边熟边落，经冬季休眠后萌发。我国各地均有分布。

十一、锦葵科

1. 野西瓜苗

野西瓜苗，别称小秋费、香铃草、打瓜花。一年生草本植物，分布于我国黑龙江、吉林、辽宁、内蒙古、天津、北京等地。

其株高约 60 cm，常横卧、具白粗毛，叶互生，下部叶 5 浅裂，上部叶 3 深裂，中裂最长，裂片具齿，下面具疏硬毛；叶柄细长，花单生，叶腋处，具长花梗，午前开放，淡黄色。副萼多数，线形、具缘毛。萼 5 裂，膜质。花瓣 5 片，基部联合；花柱端 5 裂，柱头头状。蒴果球形，直径约 1.3 cm。外被粗毛，成熟时 5 瓣开裂，内含多粒种子。种子肾形，长 2.2～2.8 mm，宽约 2 mm。背部弓形，腹部内凹。种皮黑褐色至灰黑色，表面粗糙，具浅褐色尖头状小瘤状凸起。

其下胚轴发达，被短毛。初生叶 1 片，长约 0.6 cm，互生，单叶，近圆形，其顶部有粗圆齿，下部为全缘，并疏生睫毛，具长柄，柄上有柔毛。第一后生叶卵形，先端钝，叶缘有粗圆锯齿和睫毛，叶基心脏形，第二后生叶为 3 深裂的裂叶，中间裂片较大，每裂片呈 3 浅裂，叶缘亦有睫毛。幼苗全株呈灰绿色。

2. 苘麻

苘麻，别称青麻、白麻、麻果、车轮草。一年生杂草，亚灌木状草本，亦为纤维植物之一。我国除青藏高原外其他各地均有分布。

苘麻植株高达 1～2 m，茎直立，圆柱形，上部有分枝，茎枝被柔毛。叶互生，圆心形，长 5～10 cm，先端渐尖，基部心形，边缘具粗细不等的锯齿，叶两面均密被星状柔毛，掌状叶脉 3～7 条；叶具长柄，柄长 3～12 cm，被星状细柔毛；托叶早落。花单生于叶腋，花梗长 1～13 cm，被柔毛，近顶端具节；花萼杯状，密被短绒毛，5 裂，卵形，长约 6 mm；花鲜黄色，花瓣 5 枚，倒卵形，长约 1 cm；雄蕊柱平滑无毛，长 1～1.5 cm，顶端平截，具扩展、被毛的 2 长芒排列成轮状，密被软毛。蒴果半球形，直径约 2 cm，长约 1.2 cm，分果瓣 15～20 个，被粗毛，顶端具 2 个长芒；种子肾形，有瘤状凸起，灰褐色，被星状柔毛。

苘麻幼苗全体被毛，呈灰绿色。下胚轴发达。子叶长 1～1.2 cm，心形，先端钝，具长叶柄。初生叶 1 片，互生、单叶，阔卵形，有柄，先端尖，叶缘有钝齿，并有睫毛，叶基心形。叶脉明显，掌状叶脉。后生叶与初生叶相似。

十二、旋花科

1. 打碗花

打碗花，别称小旋花、常春藤打碗花、喇叭花、兔耳草。属一年生缠绕或平卧草本，我国东北、华北、华中一带均有分布(图 2-10)。

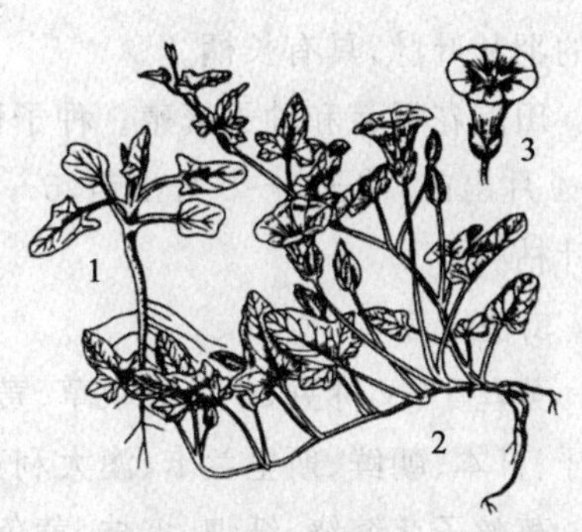

1. 幼苗　2. 成株　3. 花

图 2-10　旋花科

打碗花具地下横走根状茎，地上茎白色，粗壮。茎蔓生缠绕或匍匐分枝，分枝多自基部，长 30～100 cm，有细棱，无毛，具白色乳汁。叶互生，有长柄；基部叶片长圆状心形，全缘，两侧常无毛；上部叶片三角状戟形或剑形，先端钝尖，基部常具 4 个对生叉状的侧裂片。花单生于叶腋，花柄长于叶柄，有 2 片卵圆形的苞片，紧包在花萼的外面，宿存。花冠淡粉红色或淡紫色，漏斗状，雄蕊 5，花丝基部具小鳞毛。蒴果卵圆形，黄褐色，含 4 粒种子。种子光滑，卵圆形，黑褐色。

打碗花幼苗粗壮，光滑无毛。下胚轴发达肥壮，上胚轴不发达，红色。子叶长约 1.1 cm，近方形，先端微凹，有柄。初生叶 1 片，阔卵形，先端圆，基部耳垂状，全缘，叶柄与叶片等长。后生叶变化较大，多为心脏形，有 3～7 个裂片。

打碗花根芽和种子繁殖。根状茎多集中于耕作层中。我国中北部地区，根芽 3 月出土，春苗与秋苗分别于 4～5 月和 9～10 月生长繁殖最快，6 月开花结实，春苗茎叶炎夏干枯，秋苗茎叶入冬枯死。

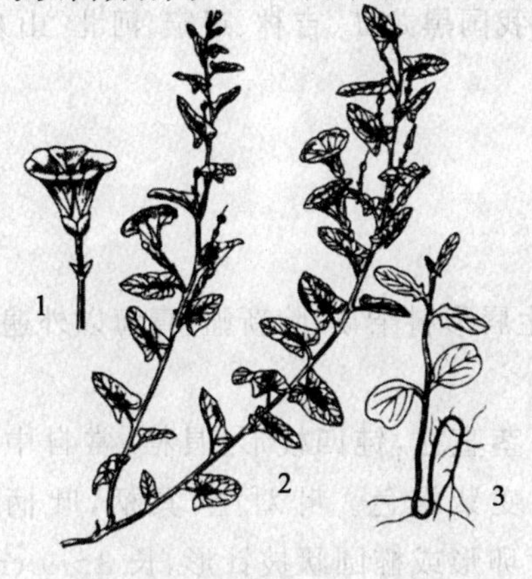

1. 花　2. 成株　3. 幼苗

图 2-11　田旋花

2. 田旋花

田旋花，别称中国旋花、箭叶旋花、野牵牛、拉拉菀。属多年生旋花科缠绕草本杂草，我国北方广泛分布(图 2-11)。

其植株无毛，具直根和根状茎。直根入土较深，根状茎横走。茎蔓状，缠绕、平卧或匍匐生长，有棱，上部有疏毛。叶互生，有柄，叶柄长 1～2 cm；叶片形状多变，卵状长圆形至披针形，先端钝或具小的短尖头。基部为戟形或箭形或心形，长 2.5～6 cm，宽 1～3.5 cm，全缘或 3 裂，先端近圆或微尖；中裂片大，中裂片卵状椭圆形、狭三角形、披针状椭圆形或线性；侧裂片展开或呈耳形。花2～3朵或多朵腋生；花梗细长；苞片2枚，线形，远离花萼；萼片5枚，倒卵圆形，无毛或被疏毛，边缘膜质，内萼近圆形；花冠漏斗形，粉红色或白色，长约2 cm，顶端有不明显的5浅裂，外面有柔毛，褶上无毛；雄蕊5，花丝基部肿大，有小鳞毛；子房2室，有毛，柱头2，狭长。蒴果球形或圆锥形，无毛，两室；种子三角状阔卵圆形，无毛。

田旋花实生苗子叶近方形，长1.2 cm，宽1.2 cm，主脉明显，先端微凹，全缘，有柄；上、下胚轴发达，六棱形。初生叶1片，互生，单叶，长圆形，先端钝，基部两侧稍向外突出成矩，有明显的羽状叶脉，具有长柄。

田旋花根芽和种子繁殖。种子可由鸟类和哺乳动物取食进行远距离传播。我国北方地区3～4月出苗，种子4～5月出苗，5～8月陆续现蕾开花，6月以后果实渐次成熟，9～10月地上茎叶枯死。

3.菟丝子

菟丝子，又称豆寄生、无根草、黄丝。一年生寄生植物。分布于我国大部分地区和伊朗、阿富汗、日本、朝鲜、斯里兰卡、澳大利亚等国。

菟丝子茎缠绕，纤细，多枝，黄色，无叶。缺乏根与叶的构造。植株以吸器吸附寄主生存，营寄生生活。花多数簇生，有时两个并生，伞状花序，花柄粗壮；苞片和小苞片小，鳞片状；花萼杯状，5裂，中部以下连合，裂片三角形，顶端钝；花冠白色，壶状或钟状，顶端5裂，裂片向外反曲，宿存；雄蕊5，着生于花冠裂片弯缺的微下处，与花冠裂片互生；鳞片5，长圆状，边缘流苏状；子房近球形，2室；花柱2，柱头球形。蒴果，近球形，几乎全为宿存的花冠所包围，成熟时整齐地周裂，内分2室，每室含2粒种子。种子近球形或卵球形，腹棱线明显，两侧稍凹陷。长1.3～1.7 mm，宽1.0～1.1 mm。种皮黄色或黄褐色，具不均匀分布的白色糠秕状物，种皮坚硬，不易破碎。

菟丝子幼苗出土时，茎呈细线状，左旋，黄色，带紫红色斑点，或全部呈紫红色，蔓的顶端有肉眼可见的小鳞片，无叶无根。在未找到寄主之前，茎延伸，长可达1～2 m，缠上寄主植株后，在接触部分产生吸盘，吸住寄主，开始寄生生活。

其常寄生于大豆等作物上，有些地区危害很严重。在我国黑龙江、吉林、辽宁、河北、山东、河南、山西、江苏、贵州、四川、新疆等地区均有分布。

十三、唇形科

1.香薷

香薷，别称野苏子、水荆芥、山苏子、臭荆芥。属一年生唇形科杂草，除新疆、青海以外遍布全国各地，黑龙江省北部地区危害严重。

香薷株高30～50 cm，具特殊香味、具密集的须根。茎直立，钝四棱形，具槽，常自中部以上分枝，无毛或被倒向疏柔毛，常呈麦秆黄色，老时变紫褐色。叶对生，具柄，叶柄长0.5～3.5 cm，背平腹凸，边缘具狭翅，疏被小硬毛。叶片卵形或椭圆状披针形，长3～9 cm，宽1～4 cm，先端渐尖，基部楔状下延成狭翅，边缘具钝齿，上面绿色，疏被小硬毛，下面淡绿色，侧脉6～7对，于中肋两面稍明显，主脉上疏被小硬毛，背面密生橙色腺点；花序轮伞形，由多花偏向一侧组成顶生假穗状，长 2～7 cm，宽达 1.3 cm。苞片宽卵圆形或扁圆形，先端具芒状突尖，具睫毛；花梗纤细，长 1.2 mm，近无毛，花序轴密被白色短柔毛。花萼钟状，具 5 齿，三角形，前 2 齿较长；花冠淡紫色，约为花萼长的 3 倍，外面被柔毛，上部夹生有稀疏腺点；雄蕊 4，前对较长，外伸，花丝无毛，花药紫黑色。花柱内藏，先端 2 浅裂。小坚果长圆形，长约 1 mm，棕黄色，光滑。

其幼苗子叶近圆形，上、下胚轴发达；初生叶 2 片，卵形，边缘有齿。种子繁殖。我国北方地区 5～6 月出苗，7～8 月现蕾开花，8～9 月果实成熟。

2. 益母草

益母草，别称茺蔚、坤草。一年生或二年生直立草本植物，全国均有分布，常成片生长，发生量较大，危害较重。

益母草株高可达 1 米，茎直立，粗壮，4 棱，通常分枝，被倒向短柔毛。中部的叶 3 全裂，裂片长圆状菱形，裂片再羽状分裂，裂片宽线形，叶裂片全缘或具稀少牙齿。轮伞花序，腋生，具 8～15 花；苞片针刺状，密被伏毛。花萼管状钟形，长 8 mm，外密被柔毛，具 5 刺状齿；前 2 齿较长，靠合。花冠粉红色或淡紫红色，长 1～1.5 cm，唇形花冠；上唇长圆形，直伸，外被白色长柔毛，里面无毛；下唇 3 裂，中裂片较大，倒心形，下唇与上唇近等长或稍短。雄蕊 4，花丝中部有白色长柔毛；花柱先端具相等的 2 裂。小坚果，长圆状三棱形，果实包藏于宿萼内。果皮褐色至黑褐色，表面粗糙，并被灰白色蜡质，无光泽，果内含 1 粒种子。

益母草幼苗子叶阔卵形，长 2.5 mm，宽 1.5 mm，先端微凹，全缘，叶基心形，具长柄。下胚轴明显，紫红色，上胚轴不发育。初生叶 2 片，对生，单叶，阔卵形，先端钝圆，叶缘有粗圆锯齿，并有短睫毛，叶基为心形，腹面密被白色软柔毛。背面密被长柔毛，具长柄。后生叶与初生叶相似。幼苗除下胚轴和子叶外，几乎密被茸毛。

十四、茄科

龙葵，别称黑星星、黑幽幽、老鸦眼子、苦葵、野海椒、野茄秧、谷奶子。一年生直立草本植物，广泛分布于东北、华东至华南等地区。

龙葵全株高 30～120 cm，粗壮。植株近无毛或被微柔毛。茎直立，多分枝，无棱或棱不明显，绿色或紫色，近无毛或被微柔毛。叶互生，具长柄，叶卵形，长 2.5～10 cm，宽 1.5～5.5 cm，全缘或有不规则的波状粗齿，两面光滑或被疏短柔毛，叶基楔形至阔楔形而下延至叶柄；叶柄长 1～2 cm。花序聚伞形短蝎尾状，腋外生，由 3～10 朵花组成，总花梗长 1～2.5 cm，花柄长约 5 mm，近无毛或具短柔毛；花萼杯状，直径 1.5～2 mm，齿卵圆形，先端圆，基部两齿间连接处成角度，绿色，5 浅裂；花冠白色，辐射状，5 深裂，裂片卵圆形；雄蕊 5，花药的顶孔向内；子房卵形，直径约 0.5 mm。浆果，球形，直径约 8 mm，基部具宿存花萼，熟时黑色。果皮肉质，光滑无毛，内含多数种子。种子近卵形，长约 2 mm，宽约 1.5 mm，背面拱形，腹面近平直。种皮灰黄色或浅黄褐色，表面有稍隆起的白色细网纹及小凹穴。

龙葵子叶呈卵形或披针形，长 9 mm，宽 5 mm，先端钝尖，全缘，缘生混杂毛，叶基圆形，具长柄。下胚轴很发达，微带暗紫色，密被混杂毛，上胚轴极短。初生叶 1 片，互生，单叶，阔卵形，先端钝状，全缘，缘生混杂毛，叶基圆形，有明显羽状脉和密生短柔毛。后生叶与初生叶相似。

十五、茜草科

猪殃殃,别称拉拉藤、爬拉殃、八仙草,一年生蔓生或攀缘草本,我国除海南及南海诸岛外,均有分布(图2-12)。

其成株茎多自基部分枝,四棱形,棱上和叶背中脉及叶缘均有倒生细刺。叶4～6片,轮生,线状倒披针形,顶端有刺尖,表面疏生细刺毛。聚伞花序,腋生或顶生,有花3～10朵。花小,花萼细小,约1 mm,上有钩刺毛。花瓣黄绿色,4裂,辐射状,裂片长圆形;雄蕊4枚。果实球形,褐色,密生钩状刺毛,钩刺基部呈瘤状。刺毛亦可在经摩擦后脱落,近于光滑。

其子叶长圆形,光滑无毛,先端微凹,基部楔形,具长柄。上胚轴及下胚轴均很发达,下胚轴带红色,上胚轴呈四棱形,棱上生刺状毛,也带红色。初生叶4片轮生,阔卵形,先端钝尖,具睫毛,基部宽楔形。

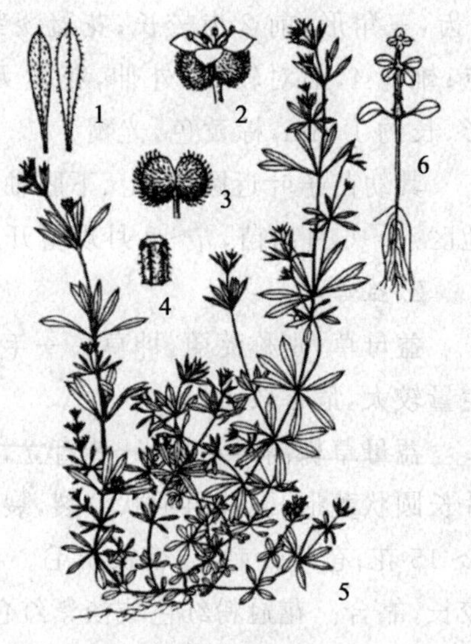

1. 叶 2. 花 3. 果 4. 茎段 5. 成株 6. 幼苗

图2-12 猪殃殃

十六、菊科

1. 苍耳

苍耳,别称风麻头、老苍子、苍子、粘粘葵。属一年生菊科杂草,分布遍及我国各地。

苍耳株高可达1 m,茎直立,粗壮,多分枝,有钝棱及长条斑点。叶互生,具长柄;叶卵状三角形或心形,长4～10 cm,宽5～12 cm,基部浅心形至阔楔形,边缘有不规则的锯齿或常成不明显的3～5个不明显浅裂,基出3脉,两面被贴生糙伏毛;叶柄长3.5～11 cm,密被细毛。花序头状,腋生或顶生,花单性,雌雄同株,直径4～6 mm,近无梗,密生柔毛。雌头状花序椭圆形,外层总苞片披针形,长约3 mm,被短柔毛;内层囊状总苞呈卵形或椭圆形,长10～16 mm,宽6～7 mm。成熟的瘦果包于坚硬的总苞内,无柄,长椭圆形或卵形,长10～18 mm,宽6～12 mm,表面具钩刺,钩刺长1.5～2 mm,顶端喙长1.5～2 mm。瘦果2枚,倒卵形,埋藏于总苞内,瘦果内含1颗种子。

苍耳幼苗粗壮。上胚轴不发达;下胚轴发达,常带紫红色。子叶长约2 cm,卵状披针形,肉质肥厚,基部包茎,光滑无毛,三出脉,具长柄。初生叶2片,卵形,先端钝,叶缘有粗锯齿,具睫毛。叶片及叶柄均密被绒毛,主脉明显(基出3脉明显)。

苍耳种子繁殖。种子萌发最适温度为15～20℃。苍耳幼苗拱土能力强,出土最适深度为3～7 cm,最深达13 cm。我国北方5月出苗,7～9月开花结果,8月果实渐次成熟,落入土中或以钩刺附着于其他物体传播。种子经越冬休眠后萌发。苍耳适应性强,抗旱、耐瘠薄,在酸性或碱性土壤中均能生长。

2. 狼把草

狼把草,别称鬼叉、鬼针、鬼刺。一年生草本湿生性植物,广泛分布于全国各地。

其茎直立，高 30～80 cm，有时可达 150 cm，绿色或带紫色；由基部分枝，有棱，无毛；叶对生，茎顶部的叶小，有时不分裂，茎中、下部的叶片羽状分裂或深裂，裂片 3～5，卵状披针形至狭披针形，边缘有锯齿；稀近卵形，基部楔形，稀近圆形，先端尖或渐尖，边缘疏生不整齐大锯齿，顶端裂片通常比下方大，叶柄有翼。头状花序顶生或腋生，球形或扁球形；总苞片 2 列，内列披针形，干膜质，与头状花序等长或稍短，外列披针形或倒披针形，比头状花序长，叶状，有绒毛；花皆为管状，黄色；柱头 2 裂。瘦果扁平，倒卵状楔形，边缘有倒刺毛，顶端有芒刺 2，少有 3～4 枚，两侧有倒刺毛，长约 8 mm，宽约 3 mm，其两侧边缘有倒钩刺，果实基部渐窄；果皮浅褐色至深褐色，表面粗糙，无光泽。

其幼苗子叶带状，长 18 mm，宽 3.5 mm，先端钝圆，全缘，叶基阔楔形，具长柄。下胚轴与上胚轴均非常发达，并带紫红色。初生叶 2 片，单叶，对生，3 深裂，裂片有 1～2 个粗锯齿，先端急尖，叶基楔形，羽状叶脉，无毛，具长柄。后生叶为二羽状深裂至全裂，其他与初生叶相似。

3. 鬼针草

鬼针草，别称婆婆针。一年生草本，为夏秋间最常见的杂草，分布于我国东北、华北、华中、华东、华南、西南等地。

其植株茎直立，有分枝，株高 30～100 cm，钝四棱形，无毛或上部被极稀疏的柔毛。茎下部叶较小，3 裂或不分裂，通常在开花前枯萎，中部叶具长 1.5～5 cm 无翅的柄，三出，小叶 3 枚，很少为具 5～7 小叶的羽状复叶。上部叶小，3 裂或不分裂，条状披针形。头状花序，直径 8～9 mm，花序梗长 2～10 cm 的。总苞杯状，基部被短柔毛，苞片 7～8 枚，条状匙形，上部稍宽，开花时长 3～4 mm，果实长至 5 mm，草质，边缘疏被短柔毛或无毛，外层托片披针形，果实长 5～6 mm，干膜质，背面褐色，具黄色边缘，内层较狭，条状披针形。舌状花黄色，不育；管状花黄色，能育。瘦果条形，长 12～17 mm(不计刺芒状冠毛)，宽 0.7～1 mm，顶端宿存 3～4 条长刺芒状冠毛。冠毛带有倒刺，果体具 4 棱，棱间稍凹，其中有 1 条细棱，细棱间两侧各有 1 条细纵沟。果皮深褐色至黑色，表面粗糙，无光泽。

其幼苗子叶带状披针形，子叶长约 3 cm，宽 0.6 cm，先端锐尖，全缘，叶基楔形，有 1 条中脉，无毛，具长柄。上、下胚轴发达，上胚轴方形，红色，有疏短柔毛，下胚轴紫红色，并有 4 条褐色条纹。初生叶 2 片，单叶，对生，为 2 回羽状裂叶，第一回 3 全裂，第二回 3～4 浅裂或深裂，裂片先端急尖，全缘，有睫毛；叶脉明显，具长柄。后生叶为 2 回羽状裂叶，第一回 5 全裂、第二回为羽状浅裂或深裂，其他与初生叶相似。

4. 三叶鬼针草

三叶鬼针草，别称鬼碱草、疏柔毛鬼针草、引线包。一年生草本植物。

其植株高 30～80 cm，茎直立。下部叶有长叶柄，向上逐渐变短；中部叶对生，3 深裂或羽状全裂，裂片卵形或卵状椭圆形，顶端尖或渐尖，基部近圆形，边缘有锯齿或分裂；上部叶对生或互生，3 裂或不裂。头状花序，直径为 8～9 mm。总苞基部被细软毛，外层总苞片 7～8 片，匙形，绿色，边缘具细软毛；外层托片狭长圆形，内层托片狭披针形；舌状花黄色或白色，花冠数 3～5 枚，或无，部分不育；管状花黄色，长约 4.5 mm，顶端 5 裂。瘦果黑色，条形，具 3～4 棱，长 7～13 mm，宽约 1 mm，上部具稀疏瘤状凸起及刚毛，顶端芒刺 3～4 枚，长 1.5～2.5 mm，具倒刺毛。

三叶鬼针草幼苗子叶带状披针形，长1.5 cm，宽0.3 cm，先端急尖，全缘，叶基楔形，有1条中脉，具长柄。下胚轴特别发达，紫红色，上胚轴也很发达，末有紫红色，并有棱。初生叶2片，对生，单叶，为2回羽状裂叶，第一回3全裂，第二回深裂，裂片先端急尖，叶脉明显，具长柄。后生叶为3小叶。小叶呈卵形，先端急尖，叶缘粗锯齿状，叶基楔形，叶脉明显，具长柄。幼苗全株光滑无毛。

5.黄花蒿

黄花蒿，又称黄蒿、黄香蒿、臭蒿。一年生或二年生草本，为果园、旱地常见杂草，全国各地均有分布。

株高40～100 cm，主根纺锤状。茎直立，具纵沟棱，无毛，多分枝。基部叶及茎下部叶片，花时常枯萎。上部叶小，无柄，常1～2回羽状全裂。中部叶卵形，长4～7 cm，宽3～5 cm，2～3回羽状全裂，呈栉齿状，小裂片长圆状线形或线形，先端锐尖，全缘或具1～2锯齿，上面绿色，下面淡绿色，两面无毛或被微毛，密布腺点。茎下部叶片无叶柄，3回羽状深裂。头状花序，球形，淡黄色，直径1.5～2 mm，有短梗，下垂，多个头状花序排成圆锥状。苞叶线形，极多数密集，扩展金字塔形的圆锥状。总苞无毛，2～3层；外层苞片狭长圆形，绿色，边缘狭膜质；内层苞片卵形或近圆形，边缘宽膜质。花筒状，黄色；边花雌性，10～20朵，中央花两性，10～30朵，均可结实。花托长圆形，无托毛。瘦果倒卵形或椭圆形，深红褐色，长约0.8 mm，宽约0.4 mm，顶端钝圆，其中央具残存花柱，呈小圆形突起，无衣领状环，无冠毛。

幼苗子叶近圆形，长、宽各3 mm，全缘，光滑，具短柄。下胚轴很发达，深红色，上胚轴不发育。初生叶2片，卵形，对生，单叶，先端急尖，叶缘两侧各有1尖齿，叶基楔形，无明显叶脉，具叶柄。第一后生叶呈羽状深裂，第二后生叶为2回羽状裂叶，第一回为3深裂，第二回为羽状深裂。幼苗除下胚轴和子叶外，均密被“丁”字或二叉毛。

6.大籽蒿

大籽蒿，别称山艾、臭蒿子、白蒿。一年至二年生草本植物，分布于全国各地，东北、华北、西北地区分布在海拔500～2 200 m地区，为植物群落的建群种或优势种。

大籽蒿高30～100 cm，根粗壮，茎直立，具纵沟棱，被白色短柔毛，单生或多分枝。茎下部叶及中部叶有长柄，基部有时有假托叶，叶宽卵形或宽三角形，长5～10 cm，宽3～8 cm，2～3回羽状深裂，裂片宽或狭线形，钝或渐尖，羽轴具狭翅，上面灰绿色，疏生柔毛，下面密被柔毛，两面密布腺点；上部叶渐变小，羽状全裂，最上部花序枝上的叶不裂，线形或线状披针形。头状花序，较大，半球形，直径4～6 mm，下垂，多数在茎顶排成宽展的圆锥状；苞叶线形；总苞片3～4层，外层苞片长圆形，有被微柔毛的绿色中脉，内层苞片倒卵形；花托具白色托毛，边缘花雌性，中央小花两性，花冠黄色。瘦果倒卵形，长1.2～1.8 mm，宽0.4～0.8 mm，褐色，无冠毛。果内含1粒种子，胚直生，无胚乳。

其幼苗子叶阔卵形，长6 mm，宽5 mm，先端微凹，全缘，叶基阔楔形，具短柄。下胚轴非常发达，上胚轴不发育。初生叶2片，对生，为5～7浅裂掌状叶，后生叶，互生，叶呈2回羽状分裂，裂片披针形，先端突尖。幼苗全株除子叶与下胚轴外，均密被“丁”字毛。揉碎有浓烈的艾香味。

大籽蒿花期为7～8月，果期为8～9月。适应性广，在酸性、碱性土壤上都能生长。生于农田、路旁、荒地、山坡上。

6. 刺儿菜

刺儿菜，别称小蓟、刺菜、刺蓟。多年生菊科根蘖杂草。我国除西藏外，几乎遍布全国各地，以北方更为普遍和严重。

刺儿菜株高 20～100 cm。具细长匍匐根茎。茎直立具纵沟棱，无毛或幼茎被白色蛛丝状毛，不分枝或上部有分枝。叶互生，无柄，叶缘有硬刺状齿，叶片正反两面有疏密不等的白色蛛丝状毛，叶片披针形。基生叶花时凋落，下部叶和中部叶椭圆形或长椭圆状披针形，长 5～9 cm，宽 1～2 cm，先端钝或尘，基部稍狭，或无柄，全缘或有齿裂或羽状浅裂，齿端有刺，两面被疏或密的蛛丝状毛，上部叶渐变小。花单性，头状花序，通常单生或多个生茎顶，形成伞房状，雌雄异株；雌株头状花序较大，总苞长 16～25 mm，花冠长约 26 mm；雄花序较小，雄株总苞长约 18 mm，花冠长 17～20 mm；总苞片多层；外层苞片较短，长圆状披针形；内层苞片披针形，顶端长尖，有刺。花冠淡红色或紫红色。冠毛羽毛状，先端稍肥厚而弯曲。瘦果倒卵形或椭圆形，稍扁，长约 2.8 mm，宽约 1 mm，顶端截平，中央具残存花柱高出衣领状环 1 倍，果内含 1 粒种子。

刺儿菜幼苗子叶矩阔椭圆形，长 6.5 mm，宽 5 mm，先端钝圆，稍歪斜，全缘，叶基楔形，无毛，具短柄。下胚轴非常发达，上胚轴不发育。初生叶 1 片，单叶，互生，椭圆形，先端急尖，叶缘齿裂，齿尖带刺状毛，叶基楔形，有 1 条中脉，无毛。后生叶和初生叶对生，叶相似。

刺儿菜以根芽繁殖为主，种子繁殖为辅。根系极发达，可深入地下 2～3 m，根上生有大量的芽，每个芽都可发育成新植株，植株整个生长期间均可形成根芽，再生能力强，断根仍能成活。根芽在生长季节随时都可萌发，而且地上部分被除掉或根茎被切断，也能再生新株。

7. 大刺儿菜

大刺儿菜，别称刺蓟菜、大蓟。多年生草本植物。分布于我国华北、东北及陕西、河南等地。

大刺儿菜根状茎长，茎直立，株高 50～100 cm。上部多分枝，被蛛丝状毛；具纵条纹及绿色的薄翼，茎与薄翼上有刺密生。叶互生，具短柄或无柄。叶长圆形，椭圆形至椭圆状披针形，长 5～15 cm，宽 2～6 cm，先端钝或尖，基部渐狭，叶缘羽状浅裂或具大齿，齿端具刺；叶片正面绿色，无毛或有疏蛛丝状毛，背面初时有蛛丝状毛，后渐变无毛。上部叶渐小。雌雄异株，头状花序 2～3 枚，生于枝顶或单生于叶腋，排列成疏松的伞房状，花序柄短，具刺及蛛丝状毛。总苞钟形，总苞片多层，花筒状，外层短，披针形，内层较长，线状披针形。雄花序较小，总苞长约 1.3 cm，雌花序大，总苞长 1.6～2 cm。花冠紫红色，花冠管长度为檐部的 4～5 倍。瘦果长倒卵形或椭圆形，稍扁，长 2.5～3 mm，宽约 1 mm。顶端截平，具明显的衣领状环，有白色羽状冠毛。果皮黄褐色或褐色，两侧中间有 1 条纵棱，中央具残存花柱与衣领状环齐平或略高，果内含 1 粒种子。种皮膜质，胚直生，无胚乳。

大刺儿菜进行无性繁殖或种子繁殖。花期 7～8 月，果期 8～9 月。生于荒地及田边。喜生于腐殖质多的微酸性至中性土壤中，生活力、再生力很强。

8. 苣荬菜

苣荬菜，别称曲麻菜、苦麻菜、曲荬菜、甜苣荬、野苦荬。属多年生菊科根蘖杂草。

苣荬菜株高 30～80 cm，全株含有白色乳汁。茎直立，上部分枝或不分枝，平滑。具匍匐根状茎，多数须根着生。基生叶丛生，有柄；茎生叶互生，无柄，基部呈耳状抱茎。叶长圆状披针形或披针形，长 8～20 cm，宽 2～5 cm，有稀疏的缺刻或羽状浅裂，边缘有尖齿，两面无毛，幼时常带紫红色，中脉白色，中脉宽而明显。基生叶具有短柄，茎生叶无柄。头状花序，顶生，单一或成伞房状；花鲜黄色，全为舌状花，雄蕊 5，花药合生；雌蕊 1 个；子房下位，花柱纤维，柱头 2 列，花柱与柱头都有白色腺毛。瘦果长椭圆形，有纵棱，侧扁，红褐色，具白色冠毛。

苣荬菜幼苗子叶椭圆形或阔椭圆形，绿色；初生叶 1 片，阔椭圆形，紫红色，叶缘具齿，无毛，有柄。

苣荬菜根茎繁殖为主，种子也能繁殖。繁殖能力强，根茎多分布在 5～20 cm 的土层中，最深可达 80 cm，侧根可达 1～1.5 m。根细嫩，质脆易断，极易断成许多小段，每个有根芽的小段(即使 1 cm 长也可)均能长成一个新的植株。植株耐干旱，抗盐碱。

9. 山苦荬

山苦荬，别称苦菜、小苦荬、小苦苣。多年生草本植物，普遍分布于我国北部、东部及南部各地。

其株高 10～40 cm，全体无毛，具乳汁。茎直立，基生叶丛生，线状披针形或倒披针形，长 7～15 cm，宽 1～2 cm，先端钝或急尖，基部渐窄成为叶柄，全缘或具疏小齿或不规则羽裂；茎生叶互生，向上减小，无柄，基部微抱茎。头状花序，排成疏伞房状花序；总苞圆筒状或长卵形，长 7～9 mm；外总苞片卵形，内层线状披针形；舌状花黄色或白色；花药墨绿色；瘦果，红棕色，狭披针形，稍扁，有细条棱，棕褐色，棱粗糙；冠毛白色。

其幼苗光滑无毛；灰绿色；折断有白浆；叶柄及叶缘略带红色。下胚轴不发达。子叶长约 0.5 cm，卵圆形，具短柄。初生叶 1 片，卵圆形，先端锐尖，基部楔形，叶缘有不明显的小牙齿，具长叶柄。之后的茎生叶基部不抱茎。

10. 蒲公英

蒲公英，别称婆婆丁、黄花地丁、华花郎等。多年生草本。分布与东北、华北、华东、华中、西北等地。

蒲公英株高 10～25 cm，基生叶排成莲座状，叶长圆状披针形或倒披针形，长 5～15 cm，宽 1～4 cm，逆向羽状分裂，侧裂片 4～5 对，具齿。顶裂片较大，戟状长圆形，羽状浅裂或仅具波状齿，基部渐狭成短柄，两面疏被蛛丝状毛或无毛。花葶数个，与叶近等长，被蛛丝状毛；总苞淡绿色，外层总苞片卵状披针形或披针形，边缘膜质，被白色长柔毛，顶端有或无小角状突起，内层苞片线状披针形，顶端常有角状突起，长于外层苞片 1.5～2 倍。舌状花黄色，长 1.5～1.8 mm，外层舌片的外侧中央具红紫色宽带。瘦果褐色，圆形至倒卵形，常稍弯曲，长约 4 mm(不计喙部)，宽约 1.5 mm。全部有刺，顶端具细弱长喙，喙长 6～8 mm，易折断，其顶端具白色冠毛。果皮土黄色或浅黄褐色，表面具 12 条纵棱，5 条粗，7 条细，棱上有小突起，果体中部以上具尖头小瘤突起，果内含 1 粒种子。

蒲公英幼苗子叶阔卵形，长 7.5 mm，宽 7 mm，先端钝圆，全缘，边缘紫红色，叶基下延至叶柄。下胚轴与初生根无明显界线，上胚轴不发育。初生叶 1 片，单叶，互生，近圆形，先端具小突尖，边缘带紫红色，并有3～4个小尖齿，叶基下延至柄，第一后生叶与初生叶相似。继之出现的后生叶变化很大。幼苗全株几乎无毛，拉断茎、叶有白色乳液溢出。

十七、鸭跖草科

鸭跖草，别称兰花菜、蓝花草、竹节草、淡竹叶、竹叶草、翠蝴蝶等，属一年生鸭跖草科晚春杂草，全国均有分布，东北、华北地区受害严重。

鸭跖草茎多分枝，基部匍匐且节处生根，上部直立，长30～50 cm。叶互生，单叶，披针形或卵状披针形，长4～9 cm，宽1.5～2 cm，表面光滑无毛，有光泽，叶无柄或几乎无柄，基部有膜质短叶鞘，白色，有绿脉，鞘口疏生软毛。总苞片心状卵形，长1.2～2 cm，边缘对合折叠，基部不相连，被毛；花蓝色，两性，萼片3，内侧2片基部相连；花瓣3，分离，侧生2片较大，近圆形；发育雄蕊3。蒴果椭圆形，长6～7 mm，成熟时瓣裂，2室，有种子4粒；种子椭圆形至棱形，种皮表面凹凸不平，土褐色或深褐色。

鸭跖草幼苗子叶顶端膨大，留在种子内成为吸器。子叶鞘膜质，包着一部分上胚轴，下胚轴发达，紫红色。在子叶鞘与种子之间有一子叶连接。初生叶1片，单叶，互生，卵形，叶鞘闭合，叶基及鞘口均有柔毛。后生叶1片，呈卵状披针形，全缘，叶基阔楔形。幼苗全株光滑无毛。

鸭跖草种子繁殖。雨季蔓延迅速，入夏开花，8～9月果实成熟，种子随成熟随脱落。种子萌发适宜温度15～20℃，发芽土层深度为2～6 cm，种子在土壤中可存活5年。

十八、禾本科

1. 芦苇

芦苇，别称芦、苇子、芦笋。属多年生水生或湿生高大禾本科杂草，我国芦苇分布广泛，其中东北辽河三角洲、松嫩平原、三江平原，内蒙古和华北等地均有分布

芦苇植株高大，地下有发达粗壮的匍匐根状茎。茎秆直立，株高1～3 m，径2～10 mm，节下常生白粉。叶片长线形或长披针形，叶长15～45 cm，宽1～3.5 cm，排列成两行，下面叶片与茎成90°角。叶鞘圆筒形，无毛或有细毛。叶舌有毛。

芦苇圆锥花序粗大，分枝多而稠密，斜上伸展，下部枝腋间具长柔毛。花序长10～40 cm，小穗有小花4～7朵，长12～16 mm；颖具3脉，第1颖短小，长3～7 mm，第2颖稍长，长5～11 mm；第一小花多为雄性，余两性。外稃8～15 mm，内稃3～4 mm，颖果，长圆形。

芦苇以根茎繁殖为主，根状茎繁殖力极强。种子也能繁殖，种子成熟后随风飞散。根茎芽早春萌发，晚秋成熟。耐干旱，耐盐碱，多生长在低、湿地或浅水中，单生或成大片苇塘，也有零散混生群落。危害旱田和水田。

2. 牛筋草

牛筋草，别称蟋蟀草。一年生草本植物。广泛分布于温带和热带地区，是世界性最凶恶的杂草之一，我国南北各地均有分布。

牛筋草根系极发达，须根较细而稠密。秆丛生，基部倾斜，高10～90 cm。叶鞘两侧压扁而具脊，松弛，无毛或疏生疣毛；叶鞘口常有绒毛；叶舌长约1 mm；叶片平展，线形，长10～

15 cm，宽 3～5 mm，无毛或上面被疣基柔毛。穗状花序，2～7 个指状簇生于秆顶，有时其中 1 枚或 2 枚生于其花序的下方，长 3～10 cm，宽 3～5 mm，穗轴顶端生有小穗。小穗密集于穗轴的一侧成两行排列，两侧扁，无柄，含 3～6 小花；两颖不等长，颖披针形，具脊，脊粗糙；第一颖长 1.5～2 mm，具 1 脉；第二颖长 2～3 mm，具 5 脉；第一外稃长 3～4 mm，卵形，膜质，具脊，脊上有狭翼，内稃短于外稃，具 2 脊，脊上具狭翼。囊果，果皮膜质，白色，内含 1 粒种子。种子卵形。

其幼苗全株扁平状。第一片真叶长 9 mm，宽 2 mm，呈带状披针形，叶片与叶鞘之间有一环状的叶舌，但无叶耳，叶鞘向内对褶，与第二片真叶的叶鞘成为套褶，叶片与叶鞘均光滑无毛。

3. 虎尾草

虎尾草，别称棒槌草、刷子草、盘草、羽毛草，水松等。一年生草本，我国南北地区均有分布。

虎尾草丛生，秆直立或基部膝曲，光滑无毛，高 20～60 cm。叶片披针形，叶片长 5～25 cm，宽 3～6 mm，平滑或上面和边缘粗糙；叶鞘光滑无毛，背面具脊，松弛，最上叶鞘常包有花序，肿胀成棒槌状；叶舌长约 1 mm，具有小纤毛；穗状花序，长 3～5 cm，4～10 个簇生于茎顶，呈指状排列；小穗排列于穗轴的一侧，长 3～4 mm（除芒外），呈紧密覆瓦状；颖膜质，具 1 脉，第一颖长 1.5～2 mm，第二颖长约 3 mm，芒长 0.5～1.5 mm；第一外稃长 3～4 mm，具 3 脉，在边脉上密生长柔毛；内稃稍短于外稃，脊上具纤毛。颖果狭椭圆形或纺锤形，具棱，长 1.5～2 mm，宽 0.5～0.7 mm，呈浅黄褐色，表面有光泽。

虎尾草幼苗第一片真叶带状，长 15 mm，宽 1.5 mm，先端急尖，叶基渐窄，有 11 条直出平行脉，叶背有疏柔毛，叶片与叶鞘之间有一不甚明显的环状叶舌，叶鞘外被柔毛。第二片真叶呈带状披针形，叶缘具睫毛，叶舌呈环状，顶端齿裂，其他与前者相似。

4. 稗

稗，别称稗子、稗草、野稗、扁扁草。是禾本科、稗属一年生晚春杂草，广泛分布于我国南北各地（图 2-13）。

1. 鞘口　2. 小穗　3. 花序

4. 幼苗　5. 植株下部

图 2-13　稗

稗秆直立或基部倾斜，有时膝曲，光滑无毛，通常丛生，高 50～130 cm。叶鞘疏松裹茎，光滑无毛；无叶耳、无叶舌。叶光滑无毛，线形，长 20～50 cm，宽 5～20 mm，边缘粗糙，上表面稍粗糙，中脉灰白色，无毛。圆锥花序，直立而粗壮，带紫色。小穗密集排列于穗轴的一侧，单生或成不规则的簇生；小穗一面平一面凸，近于无柄小穗由两小花构成，长 9～20 cm，第一小花雄性或中性，第二小花两性。第一颖三角形，先端尖，长为小穗的 1/3～1/2；具 5 脉；第二颖先端渐尖成小尖头，具 5 脉；第一外稃草质，具 7 脉，脉上具疣基刺毛，顶端延伸成一粗糙的芒，芒长 5～10 mm，第二外稃成熟呈革质，与外稃等长，顶端具小尖头。内包3雄蕊、1雌蕊和2个鳞被。颖果，白色或棕色，长2.5～3 mm，宽1.5～2 mm，椭圆形，坚硬。

稗的幼苗胚芽鞘膜质，长0.6～0.8 cm；第一片真叶带状披针形（条形），长1～2 cm，具15条直出平行叶脉，自第二片叶开始渐长；无叶耳、叶舌；全体光滑无毛。

5.马唐

马唐，别称抓根草、抓地草、万根草、鸡爪草、须草。属一年生禾本科杂草，多在初夏发生，分布于我国北方各地，为世界性恶性杂草。

马唐株高40～100 cm，茎多分枝，秆基部倾斜或横卧，着地后节易生不定根。秆光滑无毛。叶片条状披针形，宽3～10 mm，无毛或两面疏生软毛。叶鞘无毛或疏生疣基软毛，多短于节间。叶舌膜质，先端钝圆。花序总状3～10枚，由2～8个细长的穗排列成指状或下部近于轮生；小穗披针形或两行互生排列，长3～3.5 mm；第一颖片微小，但明显；第二颖片长为小穗的3/4～1/2，边缘有纤毛；第一外稃具5～7脉，脉上微粗糙，脉间距离不均匀；第二外稃色淡，边缘膜质，覆盖内稃。颖果披针形、长约2.5 mm，。

马唐幼苗暗绿色，全体被毛。第一片叶6～8 mm，宽3.5 cm，卵状披针形，常带暗紫色，有19条直出平行脉，叶缘具睫毛。叶片与叶鞘之间有一不甚明显的环状叶舌，顶端齿裂。叶鞘表面密被长柔毛。第二片叶叶舌三角状，顶端齿裂。5～6叶开始分蘖，分蘖数常因环境差异而不等。

马唐种子繁殖。种子生命力强，随成熟随脱落。成熟种子有休眠习性。种子在低于20℃时发芽慢，25～40℃发芽最快，种子萌发适宜温度25～35℃，种子萌发较作物晚，因此多在初夏发生。种子萌发最适相对湿度63%～92%，喜湿喜光，潮湿多肥的地块生长茂盛；种子萌发适宜的土壤深度1～6 cm，以1～3 cm发芽率最高。

6.狗尾草

狗尾草，别称绿狗尾草、莠、谷莠子、狗毛草。属一年生禾本科晚春杂草。分布于我国南北各地，为世界性恶性杂草。

狗尾草植株直立，株高20～120 cm。秆疏丛生，直立或基部膝曲，有分枝。叶片条状披针形，长5～30 mm，宽3～10 mm，淡绿色，有绒毛状叶舌、叶耳，叶鞘与叶片交界处有一圆紫色带。叶鞘较松弛光滑，圆筒状，鞘口有柔毛；叶舌退化成一圈1～2 mm长的柔毛；穗状花序排列成圆柱（狗尾）形，长3～15 cm，直立或稍弯垂。小穗基部刚毛粗糙，每簇刚毛约为9条，长4～12 mm，刚毛绿色或略带紫色。第一颖片卵形，为小穗的1/3，具3脉，第二颖片与小穗等长，具5脉。颖果长圆形，背面拱形，腹部扁平。

狗尾草幼苗鲜绿色，基部紫红色。除叶鞘边缘具长柔毛外，其他部位无毛。胚芽鞘紫红色。第一片真叶长椭圆形，长8～10 mm，具21条直出平等脉。自第二片真叶渐长。叶舌呈纤毛状，叶鞘边缘疏生柔毛。叶耳两侧各有一紫红色斑。

狗尾草种子繁殖。种子经冬眠后萌发。种子萌发最低温度为10℃，但出苗率低且缓慢；种子萌发适宜温度15～30℃，适宜出苗的土壤深度为2～5 cm，埋在土壤深层未发芽的种子可存活10～15年。种子耐旱耐瘠薄。

7. 金狗尾草

金狗尾草，俗称金色狗尾草。属一年生禾本科杂草，我国南北各地均有分布，为秋熟旱作地常见杂草。

株高 20～90 cm，秆直立或基部倾斜，于节部生根。叶片线形，长 5～40 cm，宽 2～8 mm，顶端长渐尖，基部钝圆，通常两面无毛或仅于腹面基部疏被长柔毛。上部叶鞘圆柱状，光滑无毛，下部叶鞘压扁具脊。圆锥花序紧缩，圆柱状，长 3～8 cm，较短小而直立，主轴被微柔毛；小穗椭圆形，单生，长约 3 mm，顶端尖，通常在一簇中仅一个发育。小穗下托数枚刚毛，刚毛稍粗糙，每簇刚毛约为 10 条，长 8 mm，刚毛金黄色或稍带褐色；第一颖片卵形，为小穗的 1/3，具 3 脉，第二颖长只及小穗的一半，5～7 脉。颖果宽卵形，暗灰色或灰绿色。脐明显，近圆形，褐黄色。腹面扁平。胚椭圆形，色与颖果同。

幼苗第 1 叶线状长椭圆形，先端锐尖。第 2～5 叶为线状披针形，先端尖，黄绿色，基部具长毛，叶鞘无毛。

金狗尾草种子繁殖。花果期 6～10 月份。生于旱作地、田边、路旁和荒芜的园地及荒野，为秋熟旱作地的常见杂草，在果、桑、茶园危害较重。

8. 荻

荻，别称红岗芦、红柴，为多年生高大禾草。广泛分布于温带地区，我国是荻的分布中心，在黑龙江、吉林、辽宁、湖北、湖南、江西、安徽、江苏，河北、山西、河南、山东、甘肃、陕西等地均有分布。

荻地下茎粗壮，被鳞片。株高 120～150 cm，秆直立，无毛，具多节，节上具长须毛；叶片长线形，长 10～60 cm，宽 4～12 mm；下部叶鞘长于节间；叶舌先端钝圆，长 0.5～1 mm，有一圈小纤毛。圆锥花序，扇形，长 20～30 cm，主轴无毛，仅在分枝的腋间有短毛；分枝较弱，长 10～20 cm，穗轴节间无毛，长 4～8 mm，每节生成一对小穗，一个短柄，1～2.5 mm，一个长柄，3～5 mm；小穗柄无毛，或在腋间有少量毛茸，先端稍膨大：小穗狭披针形，长 5～6 mm，基盘具白色丝状长柔毛，长为小穗的 2 倍；第一颖具 2 脊，无脉或在脊间有 1 条不明显的脉，边部和上部具长柔毛，毛长为小穗的 2 倍以上；第二颖船形，具 3 脉，背部无毛或具稀疏柔毛；第一外稃披针形，较颖稍短，具 3 脉；第二外稃较颖短 1/4，无脉或有 1 条不明显的脉；外稃的长度是内稃 2 倍；颖果长圆形，长 1.5 mm。

荻的幼苗第一片真叶为不完全叶，叶片不发育，鳞片状，长仅 2.5 mm，宽 1 mm，有 7 条直出平行叶脉，叶鞘开放，紫红色，有 7 条直出平行脉，叶片与叶鞘之间无叶耳、叶舌。第二片真叶为完全叶，带状披针形，有 11 条直出平行脉，叶片与叶鞘之间有一环状膜质的叶舌，第三片真叶与第二片真叶相似。

9. 荩草

荩草为一年生草本植物，分布于我国各地。

荩草秆细弱无毛，基部倾斜，高 30～60 cm，具多节，常分枝，基部节着地易生根。叶片卵状披针形，长 2～4 cm，宽 0.8～1.5 cm，基部心形，抱茎，除下部边缘生疣基毛外余均无毛。叶鞘短于节间，生短硬疣毛；叶舌膜质，长 0.5～1 mm，边缘具纤毛；总状花序细弱，长 1.5～4 cm，2～10 枚呈指状排列或簇生于秆顶；序轴节间无毛。小穗成对着生于各节，有柄小穗退化仅剩短柄，柄长 0.2～1 mm；无柄小穗卵状披针形，呈两侧压扁，长 3～5 mm，灰绿色或带紫；第一颖片草质，边缘膜质，包住第二颖 2/3，具 7～9 脉，脉上粗糙，生疣基硬毛；第二颖近膜质，与第一颖等长，舟形，脊上粗糙，具 3 脉而 2 侧脉不明显，先端尖；第一外稃长圆形，透明膜质，先端尖，长为第一颖的 2/3；第二外稃与第一外稃等长，透明膜质，近基部伸出一膝曲的芒；芒长 6～9 mm，向基部扭转；雄蕊 2；花药黄色或带紫色，长 0.7～1 mm。颖果长圆形，与稃体等长。

荩草种子萌发时，首先胚芽伸出地面，其外部裹着紫红色的胚芽鞘，顶端露出的第一片真叶，初呈深蓝色，当完全穿出胚芽鞘，才逐渐转变为绿色。叶片卵圆形，长 5 mm，宽 3 mm，先端钝尖，全缘，具睫毛，有 13 条直出平行脉，叶片与叶鞘之间有 1 膜质的环状叶舌，叶鞘外表有长柔毛。第二片真叶卵状披针形，叶舌环状，顶端呈齿裂。

10. 菵草

菵草，别称老头稗，水稗，一年生草本植物，在我国东北、华北、西北、华东、西南等地区的地势低洼、土壤黏重的田块为害严重。

株高 15～90 cm，茎疏丛生，直立，具 2～4 节。叶片扁平，宽条形，粗糙或下面平滑。叶鞘无毛，多长于节间；叶舌透明膜质，1.5～3 mm；圆锥花序，长 10～30 cm，分枝稀疏，直立或倾斜；小穗压扁，圆形或椭圆形，灰绿色，通常含 1 朵花，长约 3 mm，呈覆瓦状排列于穗轴的一侧。颖等长，半圆舟形，草质，边缘较薄，背部灰绿色，有淡绿色横纹；外稃披针形，有 5 条脉，其短尖头常伸出颖外。颖果，长圆形，黄褐色，顶端具残存花柱。

幼苗第一片真叶带状披针形，长 1.7 cm，宽 1 mm，先端锐尖，有 3 条直出平行脉，叶片与叶鞘之间有 1 片膜质的叶舌，其顶端 2 深裂，但无叶耳，叶鞘长 7 mm，有 3 条脉，紫红色，叶片与叶鞘均光滑无毛。第二片真叶有 5 条直出平行脉，叶舌呈三角形。幼苗地下部残留小穗，两颖大于小穗。

11. 看麦娘

看麦娘，别称麦娘娘、棒槌草。其是禾本科，看麦娘属一年生杂草，我国各地均有分布。

看麦娘根须细软，株高 15～40 cm，茎秆疏丛生，软弱光滑，基部常膝曲。叶片近直立，扁平，质膜，长 3～10 cm，宽 2～6 mm；叶鞘通常短于节间，叶舌薄膜质。圆锥花序，狭圆柱形，灰绿色；小穗圆形或卵圆形，含 1 花，密集生于穗轴上；颖膜质，两颖同形，近等长，其下部边缘相互连合，具 3 脉，脊上具纤毛，侧脉下部具短毛；外稃等长或稍长于颖，背面中下部有一短芒隐藏或略伸出颖，无内稃；花药橙黄色。颖果线状倒披针形，暗灰色。

看麦娘幼苗第一片真叶带状，先端钝，长 10～15 mm，宽 0.4～0.6 mm，绿色，两侧叶缘上无倒生刺状毛；第二、三叶片线形，先端尖锐，长 18～22 mm，宽 0.8～1 mm，叶舌薄膜质。

12. 野黍

野黍，别称拉拉草、换猪草，属一年生禾本科早春杂草。分布于东北、华北、华东、华中、西南、西北等地。

其株高 30～100 cm，秆直立或基部膝曲、伏地；秆基部分枝，稍倾斜。叶片扁平，条状披针形，长 15～25 cm，宽 5～15 mm，表面具微毛，背面光滑，边缘粗糙。叶鞘松弛包茎，无毛或被微毛或鞘缘一侧被毛，节上具髭毛；叶舌短小，具长约 1 mm 纤毛。总状花序数枚排列于主轴的一侧，密生柔毛。小穗含 1 花，单生，卵状椭圆形，绿色或带紫色，成 2 行排列于穗轴的一侧。小穗柄极短，密生长柔毛。颖果卵圆形，长约 3 mm。

野黍为种子繁殖。种子发芽较喜温，晚春出苗，野黍在黑龙江一般在5月中旬出苗，比稗草和狗尾草早7～10 d。喜光、喜水，耐酸碱。种子粒大，分蘖能力强，靠风力传播距离短，在田间分布不均匀，造成局部区域集中发生危害。花果期7～10月。

13. 长芒稗

长芒稗，别称长芒野稗。一年生草本杂草。产于我国黑龙江、吉林、内蒙古、河北、山西、新疆、安徽、江苏、浙江、江西、湖南、四川、贵州及云南等地区。

长茎稗株高1～2 m。叶片线形，长10～40 cm，宽1～2 cm，两面无毛，边缘增厚而粗糙。叶鞘无毛或常有疣基毛，或毛脱落仅留疣基，或仅有粗糙毛或仅边缘有毛；无叶舌；圆锥花序稍下垂，长10～25 cm，宽1.5～4 cm；主轴粗糙，具棱，疏被疣基长毛；分枝密集，常再分小枝；小穗卵状椭圆形，常带紫色，长3～4 mm，脉上具硬刺毛，有时疏生疣基毛；第1颖三角形，长为小穗的1/3～2/5，先端尖，具三脉；第2颖与小穗等长，顶端具长0.1～0.2 mm的芒，具5脉；第1外稃草质，顶端具长1.5～5 cm的芒，具5脉，脉上具刺毛，内稃膜质，先端具细毛，边缘具细睫毛；第2外稃革质，光亮，边缘包着同质的内稃；鳞被2，楔形，折叠，具5脉；雄蕊3；花柱基分离。果椭圆形且圆头，腹面扁平；脐粒状，乳白色，无光泽。

其幼苗第一真叶线形，先端锐尖；第2～5真叶为线形，先端尖，无毛；无叶舌，叶鞘无毛；茎有红色。

14. 水稗

水稗，又称稻稗，一年生草本植物，水稻伴生植物。

水稗是水稻的伴生植物，茎秆直立，株高70～100 cm，密蘖型。叶片线形，长20～40 cm，宽5～10 mm，粗糙，边缘有微小的刺毛，常于叶枕处有髯毛，叶鞘上方边缘有疣基毛。圆锥花序，长12～17 cm，披针形，总状分枝常紧贴穗轴，基部的总状分枝常再分枝；小穗绿色，成熟后常带紫晕，长4～5 mm，第一外稃膜质。籽粒与稗相似，谷粒长4～5 mm。

15. 匍茎剪股颖

匍茎剪股颖，别称匍匐剪股颖、四季青、本特草。

其为多年生禾草，高20 cm，具根状茎或短缩的根茎头。秆细弱，丛生，直立茎基部膝曲或平卧，直径约0.8 mm，具4～5节。叶鞘通常超过节间，略紫色，叶片具小刺毛，表面平滑；叶舌膜质，长2～3.5 mm，先端近圆钝，破裂；叶片窄披针形，长4～5 cm，宽2～3.5 mm，两面粗糙，先端急尖。圆锥花序长椭圆形或较狭窄，长约6 cm，宽1～3 cm，绿紫色，成熟时呈紫铜色，分枝上举，稍粗糙，长约1.5 cm，每节具2～3枚。小穗黄绿色，穗梗粗糙；颖片披针形，两颖近等长，第1颖长1.8～2 mm，脊上微粗糙；外稃与颖近等长，膜质，无芒；基盘无毛；内稃长为外稃的一半；花药狭线形，长0.8～1 mm。

16. 千金子

千金子，别称千两金、菩萨豆、续随子等，一年生草本植物(图2-14)。分布于黑龙江、吉林、辽宁、河北、山西、江苏、浙江、福建、台湾、河南、湖南、广西、四川、贵州、云南等地。为湿润秋熟旱作物和水稻田的恶性杂草，尤以水改旱时，发生量大，危害严重。

千金子株高30～90 cm，具有须状根。秆丛生，直立，基部膝曲或倾斜，着土后节上易生不定根，平滑无毛，具3～6节，下部节上常分枝。叶长披针形，扁平或稍卷折，长10～25 cm，宽2～6 mm，先端长渐尖，基部圆形，两面及边缘微粗糙或叶背平滑。叶鞘无毛，多短于节间。叶

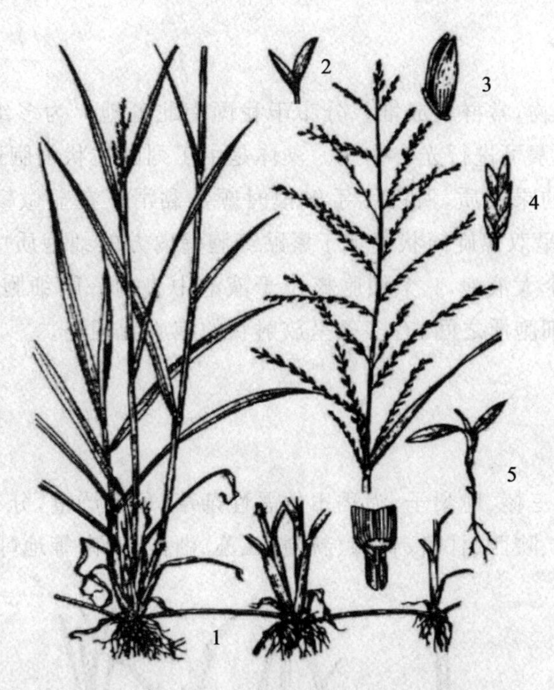

1. 成株　2. 小颖　3. 小花　4. 小穗　5. 幼苗

图 2-14　千金子

舌膜质，长 1～2 mm，上缘截平，撕裂呈流苏状，有小纤毛。圆锥花序多数，纤细，单一，直立或开展，呈尖塔形，长 10～30 cm，径 5～8 cm，主轴粗壮，中上部有棱和槽，无毛，主轴和分枝均微粗糙。小穗两侧压扁，多带紫色，长 2～4 mm，有 3～7 朵小花，小穗具柄，柄长 0.8 mm。颖片具 1 脉，脊上稍粗糙。第 1 颖长 1～1.5 mm，披针形，先端渐尖，第 2 颖长 1.2～1.8 mm，长圆形，先端急尖。外稃倒卵状长圆形，长 1.5～1.8 mm，先端钝，具 3 条脉，中脉成脊，中、下部及边缘被微柔毛或无毛。第 1 外稃长 1.5～2 mm。内稃长圆形，比外稃略短，膜质透明，具 2 条脉，脊上微粗糙，边缘内折，叶面疏被微毛。花药 3 个，长 0.5 mm。颖果长圆形或近球形，种子长 1 mm。

17. 李氏禾

李氏禾，别称水游草，多年生湿生或浅水生草本植物。黑龙江、江苏、浙江、湖南、湖北、四川、贵州、广西、河南、河北等地均有分布。

李氏禾株高 40～60 cm，节上密生倒毛，秆下部平卧并在节上生根。叶片线状披针形，长 5～15 cm，宽 4～8 mm，粗糙或下面平滑；叶舌长 1～3 mm，顶部截平。圆锥花序，长 9～12 cm；分枝光滑，直立或斜生，长达 6 cm；小穗长 4～6 mm，草绿色或带紫色，含 1 花，两侧压扁；颖退化，外稃硬纸质，具 5 脉，脊具刺毛，边脉极接近边缘；内稃具 3 脉，中脉具刺毛，两边为外稃所紧抱；雄蕊 6 枚，花药长 2.5～3.5 mm。颖果，长约 2.5 mm。

李氏禾种子萌发时，从胚芽鞘穿出仅有叶鞘而无叶片的第一片真叶，叶鞘长 7 mm，有 7 条叶脉，抱着茎。第二片真叶开始为完全叶，叶片呈带状，长 1.9 cm，宽 1.7 cm，在叶片与叶鞘之间有 1 片膜质裂齿状的叶舌，出现的真叶与第二叶相似，并以 2 行交互排列。幼苗全株无毛。

十九、星接藻科

水绵，水生绿藻植物，常群集成堆。分布于我国南北各地。为多细胞丝状结构个体，有真正的细胞核，含有叶绿素可进行光合作用。藻体是由1列圆柱状细胞连成的不分枝的丝状体。由于藻体表面有较多的果胶质，所以用手触摸时颇觉黏滑。在显微镜下，可见每个细胞中有1至多条带状叶绿体，呈双螺旋筒状绕生于紧贴细胞壁内方的细胞质中，在叶绿体上有1列蛋白核。细胞中央有1个大液泡，1个细胞核位于液泡中央的一团细胞质中。核周围的细胞质和四周紧贴细胞壁的细胞质之间，有多条呈放射状的胞质丝相连。

二十、莎草科

1. 扁秆藨草

扁秆藨草，别称海三棱、地梨子，为稻田的恶性杂草，危害严重，分布于东北地区和内蒙古、山东、河北、河南、山西、陕西、甘肃、青海、新疆、江苏、浙江、云南等地(图2-15)。

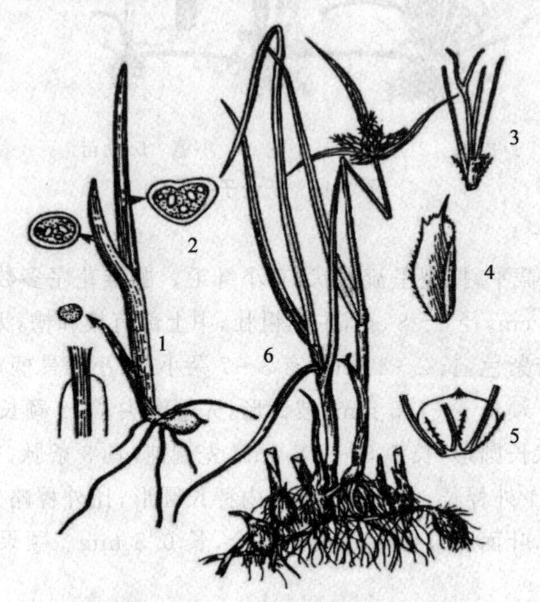

1. 幼苗　2. 叶横切　3. 小花　4. 鳞片　5. 幼苗　6. 植株

图2-15　扁秆藨草

该草为多年生草本植物。具匍匐根状茎和块茎。秆高60～100 cm，较细，三棱形，平滑，基部膨大。叶基生和秆生，条形，扁平，宽2～5 mm，顶部渐狭，基部具长叶鞘。叶状总苞苞片1～3个，一般比花序长，边缘粗糙。长侧枝聚伞花序短，缩成头状，有时具少数辐射枝，通常具1～6个小穗；小穗卵形或长圆状卵形，锈褐色，长10～16 mm，具多数花；鳞片矩圆形，长6～8 mm，膜质，外面被稀少的柔毛，背面具1条稍宽的中肋，顶端少具缺刻状撕裂，具芒；下位刚毛4～6条，上生倒刺，长为小坚果的1/2～2/3；雄蕊3个，花药线形，长约3 mm；花柱长，柱头2个。坚果倒阔卵形，长2.5～3 mm，宽1.8～2 mm，扁状，两面微凹，果实顶端拱形，中央具短喙，基部阔楔形，易脱落。果皮黄褐色，表面平滑，有光泽，横剖面呈矩椭圆形，两侧稍凹陷。果脐近圆形，位于果实基端。果内含 1 粒种子，种皮膜质，内含丰富的粉质胚乳，胚微小，位于胚乳的中央。

种子留土萌发。第 1 片真叶针状，横剖面形状呈近圆形，叶片与叶鞘之间无明显相接处。叶鞘边缘有膜质的翅。第 2 片真叶横剖面中可见到 2 个大气腔。第 3 片真叶呈三角形，横剖面中也有 2 个大气腔。幼苗全株光滑无毛。

2. 藨草

藨草，别称三棱藨草、野荸荠、光棍子、光棍草。多年生草本植物，我国除广东外，其他各地均有分布，常为害水稻，尤在水稻分蘖期。

该草植株散生，具细长匍匐根状茎，直径 1～5 mm，干时呈红棕色。秆粗壮，散生，直立，三棱形，株高 20～90 cm，基部具 2～3 个叶鞘；鞘膜质、横脉明显隆起，最上 1 个鞘端具叶片；叶片条形，扁平，长 1.3～8 cm，宽 1.5～2 mm。苞片 1 个，为秆的延伸，直立，三棱形，长 1.5～7 cm。长侧枝聚伞花序，假侧生，具 1～8 个辐射枝；辐射枝三棱形，棱上粗糙，长可达 5 cm，每个辐射枝顶端有 1～8 个簇生的小穗；小穗卵形或长圆形，顶端稍钝，长 6～12 mm，宽 3～7 mm，密生多朵花；鳞片长圆形、椭圆形或宽卵形，顶端微凹或圆形，长 3～4 mm，膜质，黄棕色、背面具 1 条中肋，绿色，具短尖，边缘疏生缘毛；下位刚毛 3～5 条，约与小坚果等长或稍长，全部都生有倒刺；雄蕊 3 个；花柱短，柱头 2 个，细长。小坚果倒卵形，平凸状，长 2～3 mm，成熟时褐色，具光泽。

3. 萤蔺

萤蔺，别称小水葱、灯心蔗草。我国仅内蒙古、甘肃、西藏等少数地区尚未见到，其他地区都有分布，严重危害水稻，尤其在老稻田发生较重。

其株高 25～60 cm，秆丛生，直立，较纤细，圆柱形，平滑。具短根茎及多数须根。无叶片，仅有 1～3 枚叶鞘着生于秆的基部。苞片 1 片，为秆的延长，直立，长 5～15 cm；花序聚伞形短缩成头状，有 3～5 个小穗，假侧生；小穗卵状短圆形或卵形，具多数花；鳞片宽卵形或卵形，顶端钝，具短尖，背部绿色，两侧有棕色条纹；下位刚毛 5～ 6 条，有倒刺，短于或等长于坚果。雄蕊 3 枚，柱头 2 枚，稀 3 枚；小坚果宽倒卵形或倒卵形，平凸状，黑色或黑褐色。

其初生叶肥厚，线状锥形，绿色，叶被稍隆起，叶面稍凹，向基部变宽为鞘。

4. 牛毛毡

牛毛毡，别称牛毛草，分布遍及全国水稻产区。

牛毛毡为多年生草本植物，高 2～12 cm，具极细的匍匐根茎，白色。秆密，丛生，细如毛发，常密被稻田表面，状如毛毡，故得名牛毛毡。叶退化成鞘状。小穗卵形，顶生，含少数几朵花，鳞片膜质，卵形或卵状披针形，顶端钝尖，两侧小棕色，缘膜质，有 1 脉，两侧紫红。具下位刚毛 1～4 条，长为小坚果的 2 倍，其上有倒齿。柱头 3，具褐色小点。小坚果狭长圆形，无棱，长约 1.8 mm，淡黄白色，有细密整齐的网纹。花柱基稍膨大呈短尖状。

幼苗全株光滑，第 1 片真叶针状，无脉，横剖面呈圆形，中间有 2 个气腔，无明显的叶脉，叶鞘薄而透明。

二十一、泽泻科

1. 野慈姑

野慈姑，别称狭叶慈姑，多年生草本植物。分布于黑龙江、北京、天津、青海、新疆、江苏、安徽、上海、福建、湖北、湖南、海南、西藏等地，为水稻田常见杂草，北方部分水稻种植区有时发生较重。

野慈姑地下根状茎横走，顶端有球茎。叶基生，叶片箭形，裂片卵形至线形，顶裂片长 5～15 cm，有 3～7 脉，先端锐尖，侧裂片开展；叶柄长 30～60 cm。花茎高 20～80 cm，总状花序，3～5 朵轮生于节上，单性；雌花在下，花梗长 1～2 cm，萼状花被卵形，长 6～8 mm，反卷；花瓣长为萼片的 2 倍，白色，心皮多数，密集成球状；上部为雄花，具细长花梗，有雄蕊多数。瘦果斜倒阔卵形，长约 3.5 mm，宽约 2.5 mm。两侧扁，边缘具宽薄翅，顶端较宽，残存花柱位于其一侧。果皮薄，浅黄褐色，表面粗糙，无光泽，果内含 1 粒种子，种皮膜质，紫红色。

野慈姑幼苗子叶针状，长 8 mm，先端微弯。下胚轴非常发达，其下端与初生根相接处有一膨大球形的颈环，表面上密生细长根毛，由此将刚萌发的幼苗固定在泥土中，上胚轴不发育。初生叶 1 片，单叶互生，带状披针形，先端渐尖，全缘，叶基渐窄，叶片有数条纵脉及其之间的许多横脉，构成方格状网脉，无叶柄。后生叶与初生叶相似，但露出水面的后生叶逐渐变为箭形叶。幼苗全株光滑无毛。

2. 泽泻

泽泻，别称水泽、如意化。多年生水生或沼泽生草本植物，分布于我国各地区，为水田杂草，全草有毒，地下块茎毒性较大。

泽泻具有地下球茎，褐色。叶基生，叶片长椭圆形或宽卵形，长 5～15 cm，宽 2～8 cm，先端短尖，基部圆形或心形，具 7～11 脉；叶柄长 10～40 cm。花葶高 40～80 cm，花两性，葶顶生圆锥花序，分枝轮生；有苞片；外轮花被宽卵形，先端钝，具 7 脉，绿色或带紫色，宿存；内轮花被倒宽卵形，膜质，白色，比外轮花被片小；雄蕊 6，花丝线状；心皮多数，离生，花柱弯曲。瘦果扁平，近椭圆形，长 1.7～2.0 mm，宽约 1 mm，边缘自果实基部直至顶端中间有 1 条纵沟，侧面中央平滑，具细线纹，有丝状光泽。果内含 1 粒种子。种子椭圆形，长约 1 mm。种皮膜质，呈紫红色，表面有纵皱纹。

泽泻幼苗子叶针状，长 8 mm，先端呈钩状。下胚轴不发达，但基部与初生根之间有明显界线，并略为膨大，表面长出细长根毛。刚萌发的幼苗就借此固定在泥中，上胚轴不发育。初生叶 1 片，单叶互生，带状披针形，先端急尖，全缘，叶基渐窄，叶片上有数条直出平行脉，其之间有许多横脉，由此形成叶片方格状网脉，无叶柄。后生叶与初生叶相似。第 2 后生叶呈倒带状披针形，但露出水面的后生叶逐渐变为椭圆形。幼苗全株光滑无毛。

二十二、雨久花科

雨久花，一年生沼泽草本植物，分布于东北、华北地区和陕西、河南、江苏等地。

雨久花株高 30～80 cm，全体光滑无毛，茎直立或斜上，有时成披散状。叶多型；挺水叶互生，具短柄，阔卵状心形，长 6～20 cm，宽 4～18 cm，先端急尖或渐尖，全缘，基部心形，绿色，草质；沉水叶具长柄，狭带形，基部膨大成鞘，抱茎；浮水叶披针形。总状花序，花序顶生，花多数，花梗较长。花被片6,蓝紫色,裂片6枚,披针形或卵形;雄蕊6;花梗较短。蒴果卵形。种子短圆柱形,深棕黄色,具纵棱。

模块巩固

1.简要说明农田杂草根据形态学分类分为哪几类?
2.简要说明农田杂草根据生境生态学分类分为哪几类?
3.简要说明农田杂草根据生物学特性分类分为哪几类?
4.简要说明农田杂草根据除草剂品种的作用特性,按照形态特征分类分为哪几类?
5.简要说明农田杂草根据杂草生态习性分类分为哪几类?
6.简要说明农田杂草根据株形分类分为哪几类?
7.举例说明农田中菊科的主要杂草有哪些?
8.举例说明农田中阔叶类杂草的主要杂草有哪些?
9.举例说明水稻田主要杂草有哪些?
10.举例说明旱田主要杂草有哪些?

禾草类、莎草类、
阔叶类杂草

模块三

农田杂草的防除方法

【知识目标】

了解杂草生物防治的历史、生物工程技术防治的基础以及综合防治的原理与策略；熟悉杂草物理防治、农业及生态防治、生物防治，化学防治优缺点及具体的技术方法；掌握杂草综合防治的原则和目标。

【能力目标】

具备农田杂草各种防治方法的相关知识；能够对杂草的防治从多个方面进行综合考虑，形成有效的综合防治策略和方案，从而更好地指导杂草防除实践。

杂草防除是将杂草对人类生产和经济活动的有害性降低到我们能够承受的范围之内。杂草的防治不是消灭杂草，而是在一定的范围内有效控制杂草。

近万年来，人类一直在探索着防治杂草的各种途径、技术和方法。从公元前 1 万年，人类通过手工或手工工具除草，至公元前 1000 年，人类开始用牛或马作动力牵拉锄头、建制苗床过程控制杂草，到公元 1731 年后，用马、牛拉锄进行垄式栽培，进而埋盖杂草。20 世纪 20 年代机械除草得到应用，20 世纪 40 年代有机除草剂的合成和使用，标志着人类对杂草的防治进入新纪元。纵观人类治草的历史，归纳其采用的除草方式，大致包括物理防治、农业防治、生态防治、生物防治、化学防治以及生物工程技术，控制杂草的新途径、新方法不断形成和应用，对现代化农业产生革命性影响。

项目一　物 理 除 草

物理除草是指用物理性措施或物理性作用力，如机械、人工等，致使杂草个体或器官受伤、受抑或致死的杂草防治方法。该方法可根据草情、苗情、气候、土壤和人类生产、经济活动的特点等，运用机械、人力、火焰、电力等手段，因地制宜地适时防治杂草。物理除草对作物、环境等安全、无污染，同时还兼有松土、保墒、培土追肥等诸多益处。物理除草包括人工除草、机械除草、物理防治。

一、人工除草

人工除草是通过人工拔除、割刈、锄草等措施来有效防治杂草的方法，也是一种最原始、最简便的除草方法。从石器时代人们学会播种作物开始，就饱尝了杂草的危害之苦，实践使人们变得聪明起来，他们开始用手拔草。人们为了提高劳动生产效率，开始采用石头、棍棒等击草，省力，也减少了俯身弯腰，但有时会伤及作物。

"钱""镈"一类金属锄头的发明和应用，使农业生产中的中耕除草第一次大大地向前进了一步。钱和镈是运用手腕力量贴地平铲以除草的工具，类似于现今的锄头。锄头已被人们使用了几千年，至今仍有很多地区使用锄头除草。稻田中所用的耘耙也是和锄头类似的除草松土工具。

犁和耙是农民耕翻土地、抗御杂草危害的基本工具。最初用人力拖、拉犁和耙，后来发展到马或牛牵拉，现代发展使用电力牵引而称之为"电犁""电耙"，以及使用柴油机作动力，对土地的耕翻效率和对杂草的破坏力更大，除草效果也更好。不仅能迅速大量地切断或拉断杂草的植株，破坏杂草的地下块根、块茎或根状茎，而且能将杂草的植株、残体或种子深埋于地下，达到防治杂草，减少杂草对农业生产的干扰和影响。

人工除草费工费时，劳动强度大，除草效率低。但目前在不发达地区，人工除草仍是主要的除草手段。在发达或较发达地区，在某些特种作物上也主要以人工除草为主，有时也被作为一种补救除草措施应用。

二、机械除草

机械除草是在作物生长的适宜阶段，根据杂草发生和危害的情况，运用除草机械进行除草的方法。除草机械包括中耕除草机、除草施药机及电耕犁、机耕犁和旋耕机等多种类型的耕翻机械。

除草机械的出现，是除草技术上的重要变革。除草效率显著提高，具有用工少、防效好、降低成本、不污染环境等优点。机械除草除进行常规的中耕除草外，还可进行深耕灭草、播前封闭除草、出苗后除草、苗间除草、行间中耕除草等，是农机和农艺紧密结合的配套除草措施。机械除草在作业方式上多样灵活，可进行水作、旱作，也可进行平作或垄作等，大多数作物田中都可应用机械除草。

但是由于机械除草的笨重机器轮子碾压土地，易造成土壤板结，影响作物根系的生长发育，且对作物种植和行距规格及操作驾驶技术要求较严，加之株间杂草难以防治，因而机械除草多用于大型农场或粗犷生产的农区大面积田块中。

三、物理防治

物理防治是指利用物理的，如火焰、高温、电力、辐射等手段杀灭控制杂草的方法。物理除草包括火力除草、电力除草、薄膜覆盖抑草等防治方式。

1. 火力除草

火力除草是利用火焰或火烧产生的高温使杂草被灼伤致死的一种除草方法。在撂荒耕作地、矿山、铁路的空旷地带、草原和林地更新中，往往用放火烧荒或用火焰喷射器发射火焰的办法清除地表杂草，以利耕作、种植或其他生产、经济活动。火烧过程中产生的蒸气也可杀灭土层中的杂草种子及当年生和多年生杂草的营养体，有效降低生长季节中杂草对作物的危害。但是，火力除草消耗了大量的有机物，不利于提高土壤肥力、改善土壤结构，也不符合持续高效农业的要求。此外，烧荒产生的强烈热浪，可使田边种植的其他植物受伤，甚至枯死，也会引发火灾等，因此，火力除草只能在特定情况下使用。

2. 电力除草

电力除草是通过瞬时高压或强电流等破坏杂草组织、细胞结构而杀灭杂草的方法。由于不同植物体中器官、组织、细胞分化和结构的差异，植物体对电流的敏感性不同。高压电流在一定的强度下，能极大地伤害某些植物，而对其他植物安全。美国已成功地研制和开发出了一种电子装置（系统），通过拖拉机牵引的安全装置控制电能的输出（电力为 50 kW），该放电系统的一端接犁刀与土壤接触，另一端则通过操作器与高于作物的杂草接触，当系统放电后，杂草茎叶的细胞、组织被灼伤，数日内干枯死亡，在防治棉田和甜菜田阔叶杂草试验中防效可达 97%～99%。

但是电力除草主要利用杂草和作物的位差，因而，只适于矮秆作物中的高于作物的杂草植株，而不能达到防治全部田间杂草的目的。由于电力除草器结构复杂，价格昂贵，且耗费能源，并对操作者素质和安全操作的要求较高，应用中存在一定的难度。目前只在甜菜、大豆、棉花等少数作物上应用成功，尚未广泛推广和应用。

3. 微波除草

微波除草是利用电磁辐射使植物体内分子震动生热，使其遭受损伤或死亡，达到除草的目的。据测定，波长为 12 cm 的微波辐射，在很短时间内即可穿透并加热土壤，土深可达 10～12 cm，所用能量为 6 kW。同时，微波对不同种类植物的种子发芽率影响不同。杂草幼苗对微波的反应比种子更为敏感，种子不同吸水状态的反应也有差异。例如，对于土壤表面的欧白芥种子，未吸水种子的致死能量为 1.55 kJ/cm^2，吸水和发芽种子的致死能量为 1.2 kJ/cm^2，而对幼苗的致死能量仅为 0.2 kJ/cm^2。因此，微波首先适用于处理堆肥、厩肥、园艺土壤、试验用土壤等，可杀死其中的杂草种子等生物因子。

4. 薄膜覆盖抑草

地膜化栽培已广泛应用于棉花、玉米、大豆和蔬菜。常规无色薄膜覆盖主要是保湿、增温，能部分抑制杂草的生长发育。近年来，生产上采用有色薄膜覆盖，不仅能有效抑制刚出土的杂草幼苗生长，而且通过有色膜的遮光能极大地削弱已有一定生长年龄的杂草的光合作用，能有效地控抑或杀灭杂草。

同时，含有乙草胺、甲草胺、异丙甲草胺、地乐胺等除草剂的药膜以及双降解药膜的推广应用，对农作物的早生快发和对杂草的有效防治发挥着巨大的作用。乙草胺、甲草胺、异丙甲草胺、地乐胺等多种药膜持效期多数可达 60～70 d，其中以乙草胺药膜的持效期较短，约 5 d，但其对阔叶杂草的防治效果好于异丙甲草胺，且对棉花等作物的幼苗安全，尤其是对出苗率无明显影响。

为了保证药效、防止药害，在使用除草剂药膜时，必须要注意地面要整平，地膜与地面要充分接触；播种时墒情要好，药膜破洞要小，注意用土封口；尽量减少作物幼苗与除草药膜直接接触，以防药害。除了上述薄膜覆盖除草外，秧田铺纸种稻也有较好的除草效果。

项目二　农业及生态防除

一、农业防治

农业防治是指利用农田耕作、栽培技术和田间管理措施等控制和减少农田土壤中杂草种子基数，抑制杂草的出苗和生长，减轻草害，降低农作物产量和质量损失的杂草防治的策略方法。其优点是对作物和环境安全，不会造成任何污染，联合作业时，成本低、易掌握、可操作性强，但是，农业治草难以从根本上削弱杂草的侵害。

（一）杂草的预防措施

防治杂草，首先就是要防止杂草种子侵入农田。杂草种子侵入农田的途径可分为人为和自然两种方式。人为方式主要是随作物种子播种入田，或施用未腐熟有机肥，或秸秆还田及已被杂草种子污染了的水源灌溉等；自然侵入方式主要是成熟的杂草种子脱落在田间，或由于风、雨、水等的传播等。因此，预防杂草的侵入是整个杂草综合防治中最重要的环节，也是杂草防治中的治本措施。

要防止杂草种子入侵农田就必须要确保不使用含有杂草种子的优良作物种子、肥料、灌水和机械等；防止田间杂草产生种子；禁止可营养繁殖的多年生杂草在田间扩散和传播。

1.杂草检疫

杂草检疫是控制恶性杂草传播和蔓延的主要途径。随着交通运输业的发展，国际间、地区间以及国内各地区间交往频繁，杂草种子往往混杂于农、畜及其他产品中，随着转运、商品贸易、调拨物资而蔓延和传播。如目前在俄罗斯造成严重危害的豚草属杂草是在21世纪初由美国传入的，匍匐矢车菊原产俄罗斯、土耳其至阿富汗一带，夹杂于苜蓿种子中从土耳其传入美洲，其后迅速蔓延至世界各地。因此，对危险性杂草进行严格检疫是杂草综合防治中的一项重要措施。

2.精选作物种子

杂草种子混杂在作物种子中，随着播种进入田间，是农田杂草的来源之一，也是杂草传播扩散的主要途径之一。例如我国东北垦区原本没有稗草，稗草种子是随稻种调入、种植而传播的，随着水稻种植的年次增加，稗草的分布和危害也逐年增多、加重；野燕麦在20世纪60年代初期仅限于青海、黑龙江等部分地区，由于国内各地区间种子调运致使野燕麦传播到全国十多个省、市的数百万公顷农田，成为农业生产上的一大草害；菟丝子是通过其种子混杂于小麦、大豆与苜蓿种子中在我国一些地区广为传播的，其他如狗尾草种子混杂于谷子中、稗草种子混杂于水稻中、亚麻荠种子混杂于亚麻中进行传播；这些杂草种子通过作物播种进入农田，进而繁殖和危害。因此，在加强检疫基础上，播种前精选作物种子、提高作物种子纯度，是减少田间杂草发生量的一项重要措施。

在农业生产中，通常利用作物种子与杂草种子形态、大小、比重、色泽等的不同进行人工选种，以保证作物种子纯度和质量。具体方法是在播种前应进行清选，即风选、水选、泥水选或盐水选等，将杂草种子彻底清选出去。实践证明，播前选种，并配合合理的种植制度、进行精细管理的丰产农田，大多能避免杂草的危害。

3.施用腐熟的有机肥

有机肥料中往往掺杂有大量的杂草种子,并保持相当高的发芽力,而且有些杂草的种子通过家畜消化道后仍有发芽能力。若未腐熟,就不能杀死杂草的种子。杂草种子就会通过未腐熟的有机肥料直接施入农田。因此,农田施用的有机肥料,必须充分腐熟,利用腐熟过程中的高温杀死杂草种子,同时有机肥的有效肥力也大大提高。通常情况下,大部分杂草种子在有机肥腐熟温度40～50℃、经1～2 d即可丧失发芽力。

4.清理田边、地头的杂草

田边、路旁、田埂、沟渠、荒地、防护林地等都是杂草"栖息"和繁殖、生长的地方,也是农田杂草的重要来源之一。它们形成密集的群落,种子成熟后散落,通过各种途径侵入农田,造成危害。在新开垦农田,杂草每年以20～30 m的速度由田边、路边或隙地向田中蔓延,二荒地农田杂草可达头荒地的3～14倍。为了减少杂草的自然传播和扩散,传统农业曾提倡铲地皮深埋或沤制塘泥,清除田边、地头的杂草。

为充分利用农田环境资源,减轻杂草入侵农田产生的草害,提倡在道旁、渠边、田边因地制宜地种植一些作物、多年生牧草、草皮及灌木等,既有利于防治杂草,也有益于保持水土,发展多种经营。如水稻田边种大豆、麦田边种蚕豆、棉田边种向日葵等,或种植多年生的蔓生绿肥。

5.减少秸秆还田时杂草种子传播

秸秆还田可增加土壤有机质含量、抑制杂草的发生和生长等。但是,秸秆还田也是加重农田草害的因素之一。若大量采用秸秆还田或收获时留高茬,大量的杂草种子就留在了田间,如麦田中大量生长的硬草、看麦娘、麦家公等低矮的杂草繁衍与危害更为突出。因此,提倡将秸秆切割后集中堆制腐熟,再施入田间,既可以提高土壤有机质含量,也可减少田间杂草种子的基数。

最好的办法是在作物收获前设法清理田间杂草或采取措施阻止杂草种子发育成熟,以减少杂草对下茬作物生长的影响。

(二)耕作栽培治草

农业生产中,土地耕耙、镇压或覆盖、轮作、水渠管理等均能有效地抑制或防治杂草。但这些农业生产措施不应是孤立进行的,应根据作物种类、栽培方式、杂草群落的组成结构、变化特征以及土壤、气候条件和种植制度等的差异综合考虑、配套合理运用,才能发挥更大的除草作用。

1.耕作治草

耕作治草是借助土壤耕作的各种措施,在不同时期,不同程度上消灭杂草幼芽、植株或切断多年生杂草的营养繁殖器官,有效防治杂草的一项农业措施。目前"间歇耕法",即立足于免耕,隔几年进行一次深耕是控制农田杂草的有效措施。持续免耕,杂草种子大量集中在土表,虽然数量大、危害重,但发生早、萌发整齐,利于防治。在多年生杂草较少的农田,以浅旋耕灭茬为宜。在多年生杂草发生较重的田块,如东北一年一熟的地区,杂草的生态适应性强,深耕则是一项有效的防治多年生杂草的好方法。

耕翻治草按其耕翻时间划分,有春耕、伏耕、秋耕几种类型。早春耕的治草效果较差,耕翻后下部的草种翻上来,仍可及时萌发危害;晚春耕能翻压正在生长但未结籽成熟的杂草,对减少作物生育期内的一年生和多年生杂草均有一定的效果。多年生杂草经春耕后延缓了出苗期，其生长势和竞争力均有所削弱。

伏耕主要用于开荒以及北方麦茬、亚麻茬耕翻，伏耕将正在旺盛生长和危害、尚未结籽成熟的各种杂草翻压入土，在高温多雨的季节促其腐烂，对减少下年杂草发生十分有效。但是伏耕所占面积比例不大。

秋耕是南北各地广为施行的耕作制度，通常在9～10月份进行。秋耕土壤疏松，通透性好，能接纳较多的降水，对促进土壤熟化、提高土壤肥力有利。秋耕能切断多年生杂草的地下根茎、翻埋地上部分，使其在土壤中窒息而死。地下根茎翻上来，经冬季干燥、冷冻、动物取食等而丧失活力。耕翻的深度影响灭草效果，深耕比浅耕效果好。据黑龙江垦区赵光农场管理局调查，耕翻20 cm深时对苣荬菜的防治效果为9.5%，24 cm时为38.1%，27 cm时防治效果达到71.4%。

秋耕还能减少下茬一年生杂草的发生，但必须在一年生杂草种子成熟前耕翻才能获得较好的效果。早秋耕对消灭多年生和一、二年生杂草效果均好，晚秋耕效果下降，尤其对一年生杂草效果差。秋耕还有诱发杂草的作用，耕翻后表土层草籽和根茎在较高温度下可很快萌发，但幼芽随着冬季来临而被冻死，从而减少土层中有效草籽量，较多地消耗多年生杂草繁殖体的营养，进一步减少下年杂草的发生和危害。

在某些地区劳力、机械和农时都很充裕的条件下，可利用耕翻或中耕将较深土层中的草籽和营养体翻到地表，诱发杂草出苗，定期连续二三次，通过发芽和其他损耗，使有效杂草种子及营养体大大减少。

在耕作较频繁的地区，可采用深浅交替的轮耕方式避免将前次翻到深层的大量草种再次翻回到土表，具体做法是第一年深翻25～27 cm，将集中在土表的大量杂草种子翻入深土层；第二年耙茬或浅耕15～18 cm，在耕耙过程中可使20 cm左右土层的杂草种子短时间受到光和其他因子的刺激，打破休眠而萌动，但因土层太厚而不能出土，萌动的杂草种子因窒息和营养消耗而丧失活力，既减少了深土层的有效杂草种子含量，又不致土表草籽过多；第三年耕翻18～20 cm，杂草仍然较少。

深松也是一种有效防治杂草的耕作方法。深松可疏松土壤；消灭已萌发的杂草；破坏多年生杂草的地下根茎。因不打乱土层，可使杂草集中萌发，便于提高治草效果。

中耕灭草是作物生长期间重要的除草措施。中耕灭草的原则是除草除小，连续杀灭，提高工效与防效，不让杂草有恢复生长和积累营养的机会。中耕结合培土，不仅能消灭大量行间杂草，也能消灭部分株间杂草。在大豆、玉米、棉花等作物的一生中，一般可进行2～3次中耕。如果采用化学防治效果好，土壤质地疏松，可减少中耕次数。

2.覆盖治草

覆盖治草是指在作物田间利用有生命的植物，如作物群体、种植的其他植物或无生命的物体，如秸秆、稻壳、泥土或腐熟有机肥、水层、色膜等在一定时间内遮盖一定的地表或空间，阻挡杂草的萌发和生长的方法。因此，覆盖治草是简便、易行、高效的除草方法，是杂草综合防治和持续农业生产方式的重要措施之一。利用覆盖能降低土表光照强度，缩短有效光照时间，避免或减少光诱导杂草的种子发芽；对已出苗的小草，通过遮光或削弱其生长势，使其饥饿死亡。春秋两季覆盖使地表温度下降，也有抑制杂草萌发的效果。薄膜覆盖还可通过膜下高温杀死杂草。观赏植物栽植后，用树皮、塑料小块(片)、刨花或草木灰等覆盖可有效防治一年生杂草，防治效果在95%以上，且对土壤水分无不良影响。防治多年生杂草的覆盖厚度应大于防治一年生杂草。园田生产中,不同的覆盖之间可相互配合,提高控草效果和综合效益。

(1)作物群体覆盖抑草　作物群体覆盖是最基本的也是最廉价、高效和积极的除草手段。利用作物群体的遮光效应,减少杂草的发生和生长。通过作物群体在肥、光、水、温、空间等诸多方面与杂草竞争.多方位地控制杂草。实践表明,任何一种除草方法,唯有发挥作物群体的积极作用,才能取得理想的除草效果。

增强作物群体覆盖度的措施主要有:①选用发芽快而整齐的优质种子,确保"早出苗、出齐苗、出壮苗。②选择能使作物对杂草很快形成覆盖的最佳栽培制度,确保全苗早发,促进作物群体优势早日形成。③在高产前提下,最大限度地提高单位面积上植物的播种密度,早发挥群体覆盖作用。④在行式栽培条件下,提倡适当密植,尽可能缩小行距、株距,尽量减少作物生长早期田间过多的无效空间。⑤春播作物的播期,宜选择在土温回升迅速的时期,以缩短种子萌发至出苗的时间,并有机会在播种前进行杂草防治。⑥利用农艺措施促进作物早发快长。例如加强农田基本建设、改善灌溉条件、降低地下水位、精耕细作、提高整地和播种质量、适宜的播种量和移栽密度,以及早期的中耕除草等。⑦施用选择性除草剂或除草剂的复配剂,控抑杂草,促苗早发形成覆盖。

此外,因地制宜、合理调整种植方式也是有效防治杂草的重要途径之一。如改平作为垄作(东北)、改直播为移栽、改单作为套作、改宽行为窄行、改撒播为条播等。

(2)秸秆覆盖　秸秆覆盖又称秸秆还田。可直接还田的秸秆主要是麦秸秆、稻草、玉米秆和苇草等。适宜覆盖灭草的作物有大豆、棉花、玉米以及行播的小麦、水稻等。据江苏省宜兴市大面积推广免耕麦田覆盖灭草经验,每公顷铺稻草 3 750 kg 和 5 250 kg,冬前看麦娘密度分别下降 82.90% 和 88.5%,春季密度分别下降 73.4% 和 81.0%,小麦分别增产 6.7% 和 21.5%,抑草增产效果十分显著。

秸秆覆盖有行间铺草和留茬两种形式,前者抑制杂草效果较好,不影响作物生长,后者抑草效果较差,影响播种和作物的初期生长,但省工节约成本。总结多年来各地多种作物田秸秆覆盖的实践,其效应主要有以下几个方面:①减少并推迟杂草发生。②抑制杂草光合作用,阻碍其生长。③禾谷类作物秸秆的水浸物可抑制某些杂草的萌发和生长,如麦秸水浸出物可抑制白茅、马唐等杂草。④增加土壤有机质和多种养分。据测定,每 667 m^2 还田 100 kg 干稻草,相当于增施 2.75~3.9 kg 硫酸铵,1.33~1.67 kg 过磷酸钙,2.67~4.67 kg 氧化钾,还有 70 kg 以上的有机质。提高了土壤肥力,改善了土壤结构,使土壤疏松透气,微生物活动旺盛,降低土壤中杂草种子的生命力,有利于作物生长,促进以苗抑草。⑤越冬作物覆盖秸秆有一定的保温效应,可促进作物生长,增强抗冻能力。覆盖限制了杂草个体或群体的生长空间,被覆盖的杂草在较高的温、湿度条件下呼吸消耗较多,易于黄化腐烂。⑥覆盖秸秆可以保肥、保湿、减少水土流失。

秸秆覆盖的优点很多,但也有一定的缺陷,如秸秆中掺杂的大量杂草种子也被带入田间,高留茬,使得低矮的杂草所产生的种子也一同滞留在田间。此外,秸秆分解过程中要消耗土壤中的氮素,为满足作物的早期生长,要增施基肥。因此,最好将作物的秸秆等经堆置腐熟后作为覆盖物施入田间。

(3)腐熟有机肥和干土覆盖　腐熟有机肥覆盖是秸秆覆盖的一种变换形式,其中,"过腹还田"是指将用于还田的作物秸秆、绿肥等直接作为养禽、养畜的饲料,在光合产物还回土壤之前进行一次或多次养分再利用。其优点有 3 个方面:①可以通过消化和发酵杀死夹在秸秆中的杂草种子；②避免秸秆在土壤中分解产生有机酸、沼气等还原性物质毒害作物，利于培育作物群体优势；③扩大覆盖物源。腐熟有机肥包括既肥、人粪肥、秸秆、荒草或"地皮"等沤（堆）制的堆肥以及富含有机质的河泥等。

经沤制发酵的腐熟有机肥基本不含有生命力的杂草种子，大量地全田覆盖或局部（播种行、穴）覆盖都有抑制杂草萌发和生长的作用。江苏地区冬小麦田有河泥拍麦、开（铲）沟压麦和麦行（油菜行）中耕的传统习惯，既能有效地抑制看麦娘、硬草等多种杂草的萌芽生长，又能促进小麦生长，效果很好。北方春大豆区苗前覆土盖"蒙头土"既利于大豆生长，又能埋死刚刚萌发生长的杂草嫩芽，其灭草效果在90%以上。日本、美国、西欧和巴西的某些农场大量施用堆肥（约1 050 t/hm^2），不仅增加了土壤肥力，减少和避免使用化肥，而且有显著的控草作用。

3.轮作治草

轮作是指不同作物间交替或轮番种植的一种作物栽培方式，是克服作物连作障碍，抑制病虫草害，促进作物持续高产和农业可持续发展的一项重要农艺措施。通过轮作能有效地防止或减少伴生性杂草，尤其是寄生性杂草的危害。

轮作可分为水旱轮作和旱作轮作两种方式。水旱轮作使土壤水分、理化性状等发生急骤变化，改变了杂草的适生条件。湿生型、水生型以及藻类杂草在旱田不能生长，而旱田杂草在有水层情况下必然死亡。因此，水旱轮作对水湿生或旱生杂草都有较好的防治效果。

水旱轮作治草作用的大小与轮作对象、种植方式、水分运筹和轮作周期的长短关系极大。在北方地区，水改旱后土质黏重、冷浆，湿生杂草往往仍很严重，应先种植适应性强、前期作物群体较大、控草能力较强的作物，如大豆、小麦等。随后，待土壤条件改善后种植玉米、高粱等宽行中耕作物。春小麦早播和密植，在早期能迅速封垄、郁蔽，对一年生晚春性杂草如稗草、马唐、鸭跖草等有较强的抑制作用；春大豆、春玉米等播种较晚，通过播前整地、苗前耙地等措施，可防治一年生早春与晚春性杂草，而对多年生杂草也有一定的防治作用，其后通过中耕、旋耕、深松等能较好地防治行间杂草，但株间杂草难以防治。因此，将密播作物小麦、亚麻、油菜与中耕作物进行轮作，可充分发挥每种作物控制和防治杂草的作用。

旱作作物间的轮作，主要通过改变作物与杂草间的作用关系或人为打破杂草传播、生长、繁殖、危害的连续环节，达到控制杂草的目的。旱作轮作主要有高秆作物与矮秆作物、中耕作物与密播作物、阔叶作物与禾本科作物、固氮作物与非固氮作物、对某种病虫害敏感的作物与非敏感作物以及具化感作用的作物间的轮作（如燕麦与向日葵轮作比燕麦连作杂草显著减少）等。只有合理搭配，才能收到良好的控草增产的效果。如长江中、下游地区，小麦与油菜轮作，即为禾本科作物与阔叶作物、密播与中耕、须根系植物与直根系植物多重互补性轮作。利用油菜郁蔽控草力强、养分吸收层面较深，缓和与杂草和前茬作物的养分竞争，同时可发挥除草剂的选择性等优势。麦田化学除草重点是防治阔叶杂草如猪殃殃、麦仁珠、大巢菜、婆婆纳、泽漆、麦家公等，油菜田重点防治禾本科杂草如看麦娘、日本看麦娘、茵草和硬草等恶性难除杂草，大大减轻了杂草的危害。在一熟制地区，改小麦连作为麦豆轮作，在耕作、养分吸收、除草剂选择性诸多方面得到互补，十分有利于增产控草。若改为麦—豆—麦—玉米（棉）轮作制，增加了一次中耕除草和高秆作物控草机会，使多年生杂草和一年生杂草都能得到较好的控制，使草害进一步减轻，不仅有利于控制当季杂草，还能减轻下茬除草压力。小麦与高秆绿肥轮作，通过绿肥群体控草、翻压绿肥和杂草，增进地力，活跃土壤微生物，降低土壤中杂草种子的基数和杂草种子的生命力等，具有明显的综合防除效益。巴西的一些农场，每年安排1/3的土地种植豆科绿肥(黎豆),每3年轮作一次绿肥,不仅能有效地控制杂草,而且每年每公顷有30 000～50 000 kg有机肥还田,下茬作物的化肥施用量减少一半左右。黎豆根系深达1～2 m,可把土壤深层的水分吸收上来,增强下茬作物的抗旱能力,还可把土壤深层的有效肥料移向表层,使土地更肥沃。此外,还有涵养水源,防止水土流失的功效。

4.间套作控草

依据不同植物或作物间生长发育特性的差异,合理进行不同作物的间作或套作,如稻麦套作、麦豆套作、粮棉套作、果桑套作、棉瓜(葱)套作或葡萄园里种紫罗兰、玫瑰园里种百合、月季园里种大蒜等。间(套)作是利用不同作物的生育特性,有效占据土壤空间,形成作物群体优势抑草,或是利用植(作)物间互补的优势,提高对杂草的竞争能力,或利用植物间的化感作用,抑制杂草的生长发育,达到治草的目的,此外,还充分利用光能和空间。例如玉米行间套种大豆,大豆是直根系深根性作物,玉米是须根系浅根性作物,前者能充分利用土壤深层的水分和养分,后者主要吸收上层土壤中的水分和养分;玉米是高秆植物,耐旱耐强光,大豆是矮生性作物,具一定的耐阴性;大豆早期生长旺,很快形成群体优势,控草治草能力强,如玉米田中的小藜、灰绿藜、苍耳和马唐等均能明显受到抑制,有些杂草如铁苋菜等则因早期生长量小很快被大豆群体覆盖,而逐渐衰弱死亡,而玉米的生长量前期小,后期大,中后期才能形成群体优势,起到控草抑草的作用,两种作物同田种植,可以显著地减少除草的难度。又如棉田套种西瓜是近年来发展起来的一种经济高效的种植方式,同样是利用棉苗群体前期小,自然空间大,西瓜营养期生长旺盛,叶片大,藤蔓穿行速度快,能迅速形成群体覆盖防治杂草的优势。两种套种方式不仅能有效增加作物产量和经济收益,而且能节省除草的工本和费用,尤其是大大减少(少用或不用)除草剂用量,有利于保护环境,应积极提倡,大力推广。

二、生态防治

农田生态系统受到多种因素的影响,这些因素大多是可以进行人为调节和控制的,趋利避害,因地制宜,可以合理地建立一个既控杂草、又有利于作物丰产的多功能的农业及生态治草体系。

生态治草是指在充分研究认识杂草的生物学特性、生态学特性、杂草群落的组成和动态,以及“作物-杂草”生态系统特性与作用的基础上,利用生物的、耕作的、栽培的技术或措施等限制杂草的发生、生长和危害,维护和促进作物生长和高产,而对环境安全无害的杂草防治实践。通过各种措施的灵活运用,创造一个适于作物生长、有效地控制杂草的最佳环境,保障农业生产和各项经济活动顺利进行。

1.化感作用治草

化感作用治草是指利用某些植物及其产生的有毒分泌物质能够有效抑制或防治杂草的方法。如用豆科植物小冠花种植在公路斜坡与沟渠旁,生长覆盖地面,可防止杂草蔓延和土壤侵蚀,小麦可防治白茅,冰草防治田旋花,三叶草防治金丝桃属杂草等。目前,利用化感作用治草的方法主要有两种,一是利用化感植物间合理间(套)轮作或配置,直接利用作物或秸秆分泌、淋溶的化感物质抑制杂草。如在稗草、反枝苋严重的田块种植黄瓜,在白茅严重的田块种小麦,在马齿苋、马唐等杂草严重的田块种植高粱、大麦、燕麦、小麦和黑麦等,都可以起到既能防治杂草,又能提高作物产量的作用;二是利用化感物质,人工模拟天然除草剂防治杂草,依据化感作用开发的除草剂具有结构新、靶标新,对环境安全、选择性强等特点。如仙治就是化感物质，为人工合成的除草剂，此外，香豆素、胡桃醌、蒿毒素以及需要光激活的除草剂 ALA 等受到人们的重视，并将在杂草的防治中发挥越来越大的作用。

2.以草治草

以草治草是指在作物种植前或在作物田间混种、间（套）种可利用的草本植物来防除其他的有害杂草；改裸地栽培为草地栽培或被地栽培，确保在作物生长的前期到中期田间不出现大片空白裸地，或被杂草所侵占，能够提高单位面积上可利用植物的聚集度和太阳能的利用率，减轻杂草的危害；以及用价值较大的植物替代被有害杂草侵占的生境。目前生产上采用较多的替代植物通常有豆科的三叶草、苜蓿，十字花科的荠菜以及蕨类植物如满江红等。这些植物的优点是可以固氮，是优质绿肥植物，能增加土壤肥力；生物量较大，抑制杂草的效果好；与作物争光、争肥少，可防止土壤返盐，并可保持水土；营养丰富，可当优质饲料，发展畜牧业；可当特种蔬菜，增加食谱和口味。

种植替代植物的关键在于，既要控草，又要防止替代植物群体过大影响作物的产量。因此，在实际运用过程中，必须根据不同的土壤、气候、种植制度和习惯及当地栽培管理模式特点合理选配种植，并在试验成功的基础上推广应用。国外有些农场，把大面积混播或轮作三叶草、苜蓿、田菁和黎豆等绿肥控制杂草、培肥地力作为一项农业基本措施，取得了可喜的成效，值得借鉴。

稻田中放养满江红，使其布满水面，产生遮光和降低水层与地表温度的效应，大大地减少了节节菜、水苋菜、异型莎草、牛毛毡以及其他稻田杂草的发生和危害，同时，可将满江红埋入田中，其中鱼腥藻固定的氮素，可达到改土培肥的目的。

3.利用作物竞争性治草

选用优良品种，早播早管，培育壮苗，促进早发，早建作物群体，提高作物的个体和群体的竞争能力，使作物能够充分利用光、水、肥、气和土壤空间，减少或削弱杂草对相关资源的竞争和利用，达到控制或抑制杂草生长的目的。我国北方的春大豆，可通过精选粒大饱满的种子适度浸种，适墒早播，力争出苗早、齐、匀、壮；在播期田间湿度较小的情况下，或将大豆种子包衣，然后，立足早施适量氮肥等，加强苗期田间管理，促进早生快发，形成壮苗，能有效地控制杂草的发生和生长，减轻大豆作物生长压力，为其稳产高产奠定基础。

4.以水控草

水层淹没控制或抑制杂草是在一定的持续时间内，通过建立一定深度的水层，一方面使正在萌发或已经萌发和生长的杂草幼苗窒息而死，另一方面抑制杂草种子的萌发或迫使杂草种子休眠，或使其吸胀腐烂死亡，从而减少土壤中杂草种子库的有效数量，减少杂草的萌发和生长，减轻杂草对作物生产的干扰和竞争。在水稻田中，前期适当深灌则能有效控制牛毛毡、稗和水苋菜等杂草的发生。

水旱轮作可以极大地改变种植时的水分状况，从而创造一种不利于土壤中杂草繁殖体存留和延续的生态条件。如稻麦连作，水稻种植期的水层会导致喜旱性杂草如野燕麦、麦仁珠和播娘蒿等籽实腐烂死亡。双季稻种植区，由于水稻种植时灌水期较长，下茬油菜和麦田中猪殃殃、大巢菜等杂草很少发生。

此外，加强农田基本建设，改善作物生境、破坏杂草生境也能有效防治杂草。例如加强低洼田农田水利建设，降低地下水位，促进土壤形成旱田性状，有利于大豆、棉花、小麦等旱作物的生长，减轻湿生杂草的发生和危害。沿海稻区加强水利建设，修筑海堤挡盐水，并引淡水洗盐，同时种植绿肥等培肥改土，可促进杂草群落的更替，逐年减轻乃至汰除耐盐碱杂草的发生与危害。

杂草的生态防治涉及的范围或内容很广，从某种意义上讲，物理性措施、农业措施、生物的方法、杂草的检疫等都能改变杂草的生长环境或改变杂草繁殖体，即种子或营养器官在土壤中的分布格局、生长和危害，其中都有属于杂草的生态防治范畴的内容。

值得指出的是，杂草的生态防治不是也不可能根除杂草，它只能在一定程度上控制或抑制杂草的萌发和生长，减轻杂草对作物生长的干扰和危害；或是促进作物的生长，增强作物对杂草竞争温度、光照、水分、肥料、空气和土壤空间的能力，进而阻止杂草萌发或削弱杂草对作物的胁迫，保护环境。因此，在学习中应该联系和综合起来思考，从保护生态环境的角度，把握住杂草防治的真谛。

项目三 生物防治

生物防治就是利用不利于杂草生长的生物天敌，像某些昆虫、病原真菌、细菌、病毒、线虫、食草动物或其他高等动物来控制杂草的发生、生长蔓延和危害的杂草防治方法。

生物治草的目的不是根除杂草，而是通过干扰或破坏杂草的生长发育、形态建成、繁殖与传播，使杂草的种群数量和分布控制在经济阈值允许或人类的生产、经营活动不受其太大影响的水平之下。

随着大量除草剂的使用，环境遭到严重污染和破坏，生物治草越来越受到人们的重视。生物治草较化学除草具有不污染环境、不产生药害、经济效益高等优点，且比农业治草、物理治草要简便。

在整个农业生态系统中，尽可能通过各种手段来促进杂草本身所固有的天敌（昆虫或微生物）来控制杂草，把天敌的种群调整到足以控制杂草发生危害的程度。

杂草生物防治的历史

在杂草生物防治作用物的搜集和有效天敌的筛选过程中，必须坚持“安全、有效、高致病力”的标准。在实行生物治草的过程中，无论是本地发现的天敌还是外地发现的天敌，都必须严格按照有关程序引进和投放，特别需要做的是寄主专一性和安全性测验，通过这种测验来明确天敌除能作用于目标杂草外，对其他生物是否存在潜在的危害性。通过测验，在明确其应用安全性后，才能进行杂草的天敌释放。

一、经典生物防治

经典生物防治是利用专性植食性动物、病原微生物，在自然状态下通过生态学途径，将杂草种群控制在经济上、生态上与美学上可以接受的水平。生物治草过程中的天敌生物多是从外国或外地引进，此法多用于对付外来杂草的防治。一般认为，生物治草对外来杂草的有效控制明显优于对付本地或已归化的杂草。外来杂草进入新的分布区后，只要环境适宜，其生长发育在无其他因子制约的情况下，极易造成“草害暴发”，并与本地植物竞争有限的资源，威胁农牧渔业、交通运输和人类的健康等。从杂草原产地引进有效天敌，是有效防治这类杂草的首要的和根本的措施。但是，近年来发展的助增式释放或淹没式释放技术，可以利用本地天敌生物防治本地杂草。

经典生物防治的优点是防治成本低，生防天敌释放后即可自行繁殖、扩散、侵害目标杂草，一次性或有限次投放杂草的天敌可以长期受益。有时，一次成功的天敌引进，可一劳永逸地解决草害。生物治草的缺点是天敌一但被释放，人们难以控制其扩散，具有潜在的生态风险。

(一)以虫治草

以虫治草是利用某些昆虫能相对专一地取食某种(类)杂草的特性来防治杂草的方法。筛选杂草的天敌昆虫，必须建立在明确了这类昆虫的生物学、生态学特性和与寄主植物的关系的基础之上，即在探明了昆虫的专化程度、取食类型、取食时期、发生时期、发生代数、繁殖潜力、外部死亡因子、取食行为与其他生防作用物的协调性和作用物的个体大小等基础之上。生物治草的首选昆虫应具备下述特性，直接或间接地杀死或阻止其寄主植物繁殖扩散的能力；高度的传播扩散和善于发现寄主的能力；对目标杂草及其大部分自然分布区的环境条件有良好的适应性；高繁殖力；避免或降低被寄生和被捕食的防御能力。

目前，利用昆虫有效防治杂草取得成功的例子主要集中于对外来杂草的防治，而本地杂草由于长期的自然选择，与限制其自身的生物因子已处于一个生态平衡状态，因此，用昆虫防治本地杂草的可能性要比外来杂草小得多，因此，利用昆虫对本地杂草防治，目前尚未有成功应用的实例。在利用昆虫防治杂草的工作中，如发现某种昆虫能危害某种杂草，且杂草受害很重，这并不意味着就可用于生防。因为，有些昆虫食性很杂或属多食性，除可取食观察到的杂草外，还可能取食别的植物，特别是同属、同科的植物。

1.仙人掌的防治

仙人掌源于西半球的墨西哥，1840 年传入澳大利亚，最初用于观赏与绿篱，其后逐渐扩散，侵入农田、牧场，到 1925 年为止，估计有 1 500 万公顷的耕地受害，严重发生地区则连人和大型动物都无法通过。为此，澳大利亚专门成立了仙人掌防治委员会，从美国、阿根廷、墨西哥等地找到了 12 种天敌昆虫，经寄主专一性测验和效果评估，仙人掌穿孔螟在仙人掌防治中最有效。其幼虫蛀入仙人掌茎内取食造成孔道，破坏了仙人掌内部组织，同时昆虫取食造成的伤口也为一些病菌提供了侵染的机会。自引进释放至 1934 年，90%的仙人掌被穿孔螟幼虫取食，使仙人掌得到控制。

2.空心莲子草的防治

空心莲子草属苋科、莲子草属的多年生宿根草本植物，为水陆两生的恶性杂草。原产巴西，现分布于南美、北美、澳大利亚、亚洲及非洲 30 多个国家和地区。该草在 20 世纪 30 年代末、40 年代初传入上海，50—70 年代曾作畜牧饲料在国内许多省份引种繁殖，其后迅速扩展，成为这些地区的难除杂草之一。

20 世纪 40 年代，空心莲子草传入美国南方并迅速蔓延成灾。后于 20 世纪 60 年代初期到该草原产地寻找天敌。经比较观察，以叶甲对空心莲子草的控制效果最好。经引种繁殖释放，使原来密布该草的水域变得清清爽爽，有效地控制了空心莲子草的扩展蔓延，取得了杂草生防史上水生杂草生物防治成功的第一例。

我国于 1987 年自美国引进空心莲子草叶甲，经检疫和食性测定后，同年在四川北碚一水塘释放成虫 500 头，当年繁殖两代，次年即将塘内空心莲子草基本清除。1988 年于湖南长沙的水库中释放成、幼虫及卵 1 100 头(粒)，当年繁殖 3～4 代，但因冬季低温该虫无法自然越冬，通过人工保护越冬，次年春季再度释放，取得良好的效果。现已在四川、福建、湖南等地建立了空心莲子草叶甲释放点。

3. 菊科杂草的防治

(1)紫茎泽兰　紫茎泽兰的经典生物防治始于1945年,美国从墨西哥引进泽兰实蝇到夏威夷,研究其生物学特性及用于控制紫茎泽兰的可行性。泽兰实蝇产卵寄生于紫茎泽兰的茎顶端,继而形成虫瘿,严重抑制紫茎泽兰的生长,它虽然可形成侧枝,但开花结实数量显著减少,产生不孕的头状花序,直至植株最终死亡。进一步研究表明,泽兰实蝇的寄主专一性很强,随后澳大利亚(1952年)、新西兰(1960年)、印度、南非等国均引进泽兰实蝇在本国释放,建立自然种群,以控制紫茎泽兰繁衍。

另一种名为食花虫(*Dihammus argentatus* Auriv.)的昆虫也被考虑,并与泽兰实蝇和一种真菌结合起来用于控制紫茎泽兰,在一定程度上抑制了紫茎泽兰的扩散速度。

中国科学院昆明生态研究所借鉴国内外关于利用泽兰实蝇防治紫茎泽兰的成功经验,于1984年7月在西藏聂拉木县樟木区考察时,找到了泽兰实蝇。经检疫、食性专一性测定等研究后,次年陆续在云南省紫茎泽兰主要发生危害区释放,均获成功,并已定居扩散。释放区紫茎泽兰枝条检出率可达60%～70%,其危害性已逐步减轻。

(2)豚草　20世纪60～70年代,美国、加拿大杂草生防工作者发现豚草条纹叶甲是一种较为理想的防治豚草的天敌昆虫。苏联1978年引入该虫后,在北高加索、乌克兰、哈萨克斯坦及远东地区释放后,很快建立种群,成功地控制住了豚草的危害。

1987年,中国农业科学院生物防治实验室先后从加拿大和苏联分别引进豚草条纹叶甲,经实验室检疫、寄主专一性测定及生物学特性观察表明,该虫的物候期与寄主的物候期相吻合,繁殖力高,对豚草的控制效果好。目前已在辽宁的沈阳、丹东、铁岭等地成功释放。

(3)黄花蒿　1982年江苏农学院在沿海棉区发现了尖翅筒喙象,其成虫喜食黄花蒿嫩尖嫩叶,并以喙咬破植株表皮,产卵于其中,以幼虫取食黄花蒿茎秆维管组织,形成虫道,致使植物折断枯死,其自然侵蛀控草率在82.7%以上,值得推广应用。

4. 莎草科杂草的防治

1984年,湖北省五三农垦科学研究所发现了尖翅小卷蛾,主要取食香附子的嫩芽、块茎和根状茎,其自然致死率平均达53%。尖翅小卷蛾不仅能危害香附子,而且能取食扁秆藨草和油莎草。经人工培养、大田释放试验,每头雌蛾的子一代平均可防治121株香附子,表现出良好的应用前景。

5. 其他杂草的防治

(1)鸭跖草　20世纪80年代以来,我国东北地区利用盾负虫单一性取食鸭跖草取得成功经验。

(2)槐叶萍　槐叶萍是稻田或水田中常见的杂草,繁殖迅速,影响水稻生产和水产养殖,覆盖河流和湖面,又是血吸虫病的中间宿主。20世纪80年代澳大利亚从槐叶萍的原产地巴西引进槐叶萍象甲防治槐叶萍效果良好。此外,在巴布亚新几内亚、印度和纳米比亚,槐叶萍的生物防治也取得了很好的效果。

应用昆虫除草在世界各国已得到广泛重视,并取得了不少生防成果,尤其对杂草等危害生物学特性和昆虫天敌的防除作用进行了较为深入的研究。

(二)以病原微生物治草

一般来讲,杂草病原微生物都是杂草的天敌,但是,从生物防治的要求来看,只有那些能使杂草严重感染，显著影响杂草生长发育、繁殖的病原微生物才有望成为生防作用物。迄今为止，已有不少病原微生物防治杂草的成功实例，且有的已大面积推广应用。

利用病原微生物防治杂草的机理主要包括对杂草的侵染能力、侵染速度和对杂草的损伤性等。侵染能力可以从侵染途径(如直接穿透表皮或只经气孔)、侵染部位、侵入后在组织中的感染能力等方面反映，如某些微生物可以侵染进入组织内部，但却不能使其感染发病；侵染速度与病原微生物的侵染能力、侵入组织后的生长发育状态、被侵染杂草对该病原菌的抗耐性大小和侵染时的环境因子的适合度有很大的关系；对杂草的损伤性主要表现为引起杂草严重的病症，如枯萎、萎蔫、炭疽、叶斑等，这些症状的发生，有时与微生物的特异植物毒素的产生有关。微生物的侵害一开始和杂草生长处于相互拮抗和斗争状态，杂草的防御机制和生长会修复侵染物导致的损伤，只有在侵染速度高于杂草生长速度时，杂草才能受到明显伤害并有效控制杂草的生长和繁殖。

1.灯芯草粉苞苣

灯芯草粉苞苣是一种高大的野生植物，19世纪初从欧洲传入澳大利亚和美国，由于该草的蔓延，澳大利亚上百万公顷小麦生产受到威胁，且常缠绕住收割机械，致使许多农场主被迫放弃小麦种植。1960年澳大利亚从地中海地区找到一种寄生锈菌，该菌侵染灯芯草粉苞苣的茎与花萼，使花和种子减少，种子生命力下降，影响了杂草繁殖能力，经研究引入后取得了巨大的成功，其投资与收益比为1∶112，这是用植物病原微生物防治农田杂草的第一个成功例子，是澳大利亚生防史上的一个里程碑。

2.紫茎泽兰

1954年，在澳大利亚昆士兰的紫茎泽兰叶片上首次发现叶斑病真菌，泽兰尾孢菌，它可致使被侵染组织失绿，植株的生长受阻。该菌为一种寄生性较强的病原真菌，主要危害紫茎泽兰叶片，通过气孔进入寄主，病斑上可形成大量分生孢子再度侵染。分生孢子可通过气流、雨水、昆虫传播，引起紫茎泽兰普遍发病，减缓或阻止了紫茎泽兰的扩展与蔓延。紫茎泽兰受害后其叶绿素含量显著减少，光合强度明显下降。若与泽兰实蝇联合施用，可增强对紫茎泽兰的控制能力。

近年来，南京农业大学杂草研究室从紫茎泽兰叶的自然发生病斑中，分离获得链格孢菌菌株，其菌丝体片段，可在20 h内引起紫茎泽兰茎叶严重病害，一周内杀死2月龄的幼苗。该室并对有关侵染致病过程、发病条件等进行了深入研究。

二、生物除草剂防治

生物除草剂配合低剂量的化学除草剂，不仅能充分发挥生物除草剂的防效，而且也可以弥补化学除草剂在对付某些抗性杂草上的不足，降低化学除草剂引发的一系列问题，诸如除草剂抗性杂草植株的出现、土壤污染、水质的退化、以及对非杂草生物的危害等。随着全球环境意识的提高和农业可持续发展的需要，高效、环保、无害的微生物除草剂的研究越来越显示其重要的社会意义和经济价值。

利用生物防除杂草已有近200年的历史，以往只有利用植食性动物、病原微生物等天敌在自然状态下，通过生态学途径，将杂草种群控制在经济上、生态上与美学上可以接受的水平。随着人们对植物病原微生物认识的深入，20世纪中叶开始了微生物除草剂的开发研究。近几十年来，随着植物病原微生物的不断分离和研究，尤其是从杂草病株中筛选出来的一些植物病原微生物,表现出了潜在的除草活性,有可能开发成为可替代化学除草剂的新型生物除草剂。

1981 年,Devine 在美国被注册登记为第一个生物除草剂,Devine 是美国弗罗里达州的棕榈疫霉致病菌株的厚垣孢子悬浮剂,用于防治杂草莫伦藤,防效可达 90%以上,且持效期可达 2 年,被广泛用于橘园杂草防除。在此之后的近 15 年时间里,没有新的生物除草剂产品推出,在生物除草剂的发展过程中出现了一个断层。其实在此领域内的研究仍十分活跃,也取得了一大批研究成果,特别对造成停滞的主要原因的分析和总结,明确了生物除草剂未来的努力方向和重要攻克的目标。

限制生物除草剂发展的主要因素有被控制杂草丰富的遗传多样性、生物除草剂的高度专一性、其对温度、湿度和土壤等环境条件近于苛刻的需求、工业化生产技术和设备的不配套、配方研究技术的落后、市场规模的过小、生产和应用成本较化学除草剂高等。

开展主要杂草的植物病原生物的调查,通过在实验室分离、纯化、培养繁殖、再接种到原杂草上,用重分离技术获得单一型菌株,以供鉴定。迄今为止,约有 100 种不同的侵染生物种被研究用于防治约 80 种有经济意义的杂草。在世界最重要的草害中,开展过调查的仅占少数,对大多数杂草有待进行进一步的调查。

20 世纪 60 年代,我国已在实践中使用“鲁保一号”菟丝子盘长孢状刺盘孢的培养物防治大豆田菟丝子。“鲁保一号”是世界上最早被应用于生产实践的生物除草剂之一;新疆哈密植检站于上世纪 80 年代研制的“生防剂 F798”控制西瓜田的瓜列当也取得实用性成果。此成果先前也已在苏联大田使用。此外,还有紫茎泽兰上的飞机草绒孢菌,该菌的缓慢致病速度可能更适宜用于经典的生物防治。豚草植物病原菌的调查虽已展开,但没有有关专一性候选菌深入研究的报道。

近年来,南京农业大学杂草研究室已经在以下几个方面开展了研究,并取得了明显的进展。从紫茎泽兰自然发生的病株上分离到链格孢一菌株;在野燕麦上分离到燕麦叶枯菌进行了致病性、寄主专一性和培养条件的测试,显示出该菌有潜力发展为防治野燕麦的生物除草剂;从波斯婆婆纳上分离到胶孢炭疽菌专化菌株,其培养特性、致病性和专一性都已经被详细研究,显示出有进一步应用开发的价值;在菟丝子的生物除草剂研究方面,将其范围从寄生于大豆上的菟丝子扩大到危害果树的日本菟丝子和苜蓿及其他牧草上的田野菟丝子并获得了 4 个菌株,正深入地进行研究。

此外,中国农业大学杂草研究室和中国农业科学院杭州水稻研究所也在进行稗草生物除草剂的研究,并取得了重要的进展。这些都预示着在人类日益关注由于化学除草剂的使用带来的环境污染和残毒、渴求无污染、安全的新除草剂的背景下,在国际生物除草剂研究取得重大突破的形势下,我国生物除草剂的研究必将进入一个前所未有的崭新的发展阶段。

随着全球绿色农业的不断发展和人们环保意识的日益提高,在世界范围内对杂草天敌资源调查的广泛开展,人们将会更深刻地了解天敌生物对杂草侵染和控制的机理,将有更多的材料可供选择,将促进生物农药(生物除草剂)在杂草防除中的应用和发展。

项目四 化学防治

化学防治是一种应用化学除草剂有效防治杂草的方法。它作为现代化的除草手段在杂草的防治中发挥了巨大的作用。早在 19 世纪末期,在欧洲防治葡萄霜霉病时,发现硫酸铜能防治麦田一些十字花科杂草而不伤害作物，这就开始了人类化学除草的历史。1932 年，选择性除草剂二硝酚与地乐酚的发现，使除草剂进入有机化合物阶段；1942 年，2,4-D 以及随后的 2 甲 4 氯与 2,4,5-D 的发现，开辟了杂草化学防治的新纪元。

20 世纪 50 年代后期，成功开发了均三氮苯类除草剂，20 世纪 60 年代又生产出酰替苯胺类除草剂，使除草剂的研究开发进入了更为广泛的领域。其主要标志是开发有机除草剂，将用药量降低，药效提高，增强选择性。20 世纪 70 年代以来，随着有机合成工业的迅速发展，生物化学与植物生理学研究的进展，生物测定技术的进步和计算机的应用，显著促进了除草剂品种的筛选与开发，广谱、高效、选择性强、安全性高的除草剂不断出现。经 50 多年来的探索和实践，全世界已有约 400 多种除草剂投入生产和应用。除草剂逐步成为农药工业的主体，其年产量、销售量及使用面积均跃居农药之首。近年来，一些生物毒性较强，残效期较长、用量较大以及可能致癌的除草剂已被禁用，例如五氯酚钠（对鱼类等毒性大）、除草醚和 2,4,5-T 等。今天，由于除草剂防治杂草的诸多优点，它仍将是一项不可替代的重要措施而发挥巨大的作用。

项目五　生物工程技术

为迎接新技术革命的挑战，加强高新技术研究已成为国际竞争的热点。生物技术在杂草防治领域有着广阔的发展前景，并已取得令人瞩目的成就。

一、抗(耐)除草剂育种

经济的发展、社会的进步对人类生活质量的要求越来越高，人类生存环境日益遭受破坏和恶化、能源短缺、水土流失以及生态失衡和环境污染加重等迫切需要、急切呼吁农业的可持续发展。解决这些问题，单靠传统的技术、方法显然力不从心，生物技术的诞生和发展大大地加强了人类对作物的定向改造和设计能力。1983 年第一个抗除草剂的烟草作物问世。至 1998 年，据不完全统计，已有近 30 种植物先后培育出抗除草剂的作物品种，如抗磺酰脲类除草剂的作物有油菜、番茄、甘蔗、莴苣、水稻、亚麻、烟草、棉花、甜瓜、杨树等；抗莠去津的作物有大豆等；抗草丁膦的作物有玉米、小麦、水稻、棉花、大豆、油菜、马铃薯、番茄等，抗咪唑啉酮类的作物有烟草和玉米等；抗草甘膦的作物有水稻、胡萝卜、玉米、番茄、油菜、大豆、杨树、棉花等；抗磺草灵的作物有番茄等；抗 2,4-D 的作物有棉花等；1997 年日本成功在烟草中导入了编程性细胞死亡抑制基因，获得了对敌草快耐性的烟草。

(一)抗(耐)除草剂育种的方法

将植物中存在的抗除草剂基因和性状选择出来，培育出抗(耐)除草剂的作物品种，可以减少除草剂使用中导致的药害损失，提高安全性；增加现有除草剂品种的使用范围，延长它们的使用寿命；降低开发和研制新型除草剂所需的巨额费用。

用原生质体融合、细胞组织培养技术，快速筛选抗除草剂的植物细胞系，经过再生植株获得抗除草剂的作物品系。如将抗草甘膦的胡萝卜原生质体与普遍细胞原生质融合，其融合体保留了抗草甘膦的特性。

利用基因工程技术，用基因枪、花粉管导入、农杆菌质粒介导和微注射等基因转移技术，将抗除草剂的基因导入作物细胞中，再通过筛选和再生培养出抗除草剂的作物品种，如将龙葵植物中存在的抗莠去津的基因,导入大豆叶绿体基因组中,获得了转基因的抗除草剂的大豆植株,且这种抗性基因可遗传给子代。

转基因作物的发展速度非常惊人,1999 年全球转基因作物种植面积已达 3 990 万 hm^2,其中转基因抗(耐)除草剂作物的种植面积占 78%,抗(耐)草甘膦、草丁膦占最大比例,抗磺酰脲类和溴苯氰作物次之。

由于转基因抗(耐)除草剂作物的发展,除草剂的选择性已不再成为除草剂应用的主要障碍,不仅高效灭生性除草剂如草甘膦、草丁膦等将得到更广泛的应用,而且强触杀性除草剂乙羧氟草醚、HC-252 等将作为优良的茎叶处理剂得到更快速的发展,前者因传导好,除草效果优异,大量施用后,抗药性几乎没有发展而广受关注;后者因其用量少,作用迅速,施药期长,使用后杂草不易产生抗药性,并且残效期短,对后茬作物安全,代表着未来除草剂的发展方向。但目前,转基因作物对人畜和其他生物的安全性问题成为一个焦点问题,未来需进一步通过试验验证安全性。

此外,如果抗(耐)除草剂基因飘移到某些与作物近缘或相似程度较高的杂草土,将使这类杂草加速对相应除草剂的适应性进化,增加人们对杂草防治的难度,甚至会引发新一轮灾难性草害,这也是杂草科学将要研究的重要领域。因此,抗(耐)除草剂作物必须经过严格多次的重复试验,证明效果稳定,对环境和人畜等无害后方能进入市场。同时,还必须建立抗(耐)性"基因漂移"监督系统,拟订有效控制抗性基因杂草蔓延的措施。

(二)植物生化化感育种

任何一种植物个体都能产生一定的生化化感物质影响其他微生物、动物、植物的生长、发育和行为。根据这一特点,研究杂草与杂草间及杂草与作物间化感作用和竞争,是有效防治杂草的又一重要途径。

据报道,世界上已有 100 多种植物有明显的化感潜势。有的是杂草产生刺激作物生长的化感化合物,如麦仙翁能产生一种麦仙翁素的化合物,施用于施肥与不施肥的两类麦地,均使小麦产量增加。有的是作物产生某些化感物质抑制杂草的生长,如大麦释放的化感化合物克胺,在低浓度时可抑制繁缕的生长。通过系统育种,我们可以像培育抗病作物一样,将植物的化感作用基因引入到栽培作物品种中,培育出抑制杂草的生长或促进产量提高的作物新品种。如果其化学化感作用的植物不能与理想的栽培品种杂交,则可采用原生质体融合技术、基因工程手段将目的基因导入到栽培品种之中,使栽培作物本身产生抗抑杂草危害的化学化感物质,达到防治杂草的目的,确保农业生产的顺利进行。

二、生物除草剂的基因改良

近年来,微生物代谢物作为除草剂已成为研究的重点。然而,用于发展生物除草剂的杂草自然天敌如真菌等,常常会在某个或几个方面存在一些缺陷,如致病力不强,对作物不安全,寄主范围太窄,自然传播能力及抗逆性弱等问题。而通过现代生物工程技术手段,有可能改变上述不良特性,达到培育优良菌株,提高治草效果的目的。

生物除草剂的基因改良方法大致可分为基因转移和基因重组两类。基因转移是将外源优良性状基因的 DNA 用微注射器导入受体真菌,该方法较为精确且易于定向设计。如在真菌稻瘟病菌中,单个基因影响着对寄主牛筋草的致病力,另外一个不相连的基因则影响着对弯叶画眉草的致病力。所以，通过基因操作的方法改变这种真菌对牛筋草和弯叶画眉草的致病力是可以实现的。当然，在很多情况下，真菌的致病力是多基因控制的，要实现基因的定向设计，还需要人们进一步认识真菌对杂草的致病机理。

基因重组技术是利用有性或无性的过程使两个菌株的基因重组，可以通过染色体对接、原生质体融合或有性生殖过程来实现。当两个不同菌株的基因重组时，可能获得数量很多的不同基因型后代，通过筛选那些比原菌株更好的重组后代，获得杂草生物控制的超级菌株，开发安全、广谱、高效的生物除草剂。

项目六　杂草的综合防治

任何一种方法或防治措施，都不可能完全有效地防治杂草。只有坚持"预防为主，综合防治"的生态治草方针，才能真正积极、安全、有效地控制杂草，保障农业生产和人类经济活动顺利进行。

一、综合治理的原理与策略

以大量施用化学药物为标志的农业是掠夺式的、高污染的和生硬的，将人与自然的关系完全对立起来，同时也是低效的、劣质的和不可持续的农业，资源不能再生。农业的可持续发展要求有节制地使用和保护土地、能源、物种和生态环境等难以再生或不能再生的各种资源，延缓耗损，减少退化，防止物种灭绝，缓和人与自然的矛盾，最终使人真正成为自然中与其相容的、不可缺少的一员，建立起人与自然的互依共存的动态平衡关系，农业才能实现真正意义上的持续高产、优质、高效，实现最佳生态的、经济的和社会的效益。

杂草的综合防治是在对杂草的生物学、种群生态学、杂草发生与危害规律、杂草-作物生态系统、环境与生物因子间相互作用关系等全面、充分认识的基础上，因地制宜地运用物理的、化学的、生物的、生态学的手段和方法，有机地组合成治草的综合体系，将有危害性杂草有效地控制在生态经济阈值水平之下，从而保障农业生产，促进经济繁荣。

杂草的综合防治是一个草害的管理系统，它允许杂草在一定的密度和生物量之下生长，并不是铲草除根。在该系统中，各种治草措施是协调使用、合理安排，有目的、有步骤地对系统进行调节、增强作物群体、削弱杂草群体，充分发挥各种措施的优势，形成一个以作物为中心，以生态治草为基础，以人为直接干预为辅，多项措施相互配合和补充且与持续农业相适应、相统一的、高效低耗的杂草防治体系，把杂草防治提高到一个崭新的水平。

二、综合治理的基本原则与目标

（一）综合治理的前提条件

建立杂草综合防治体系必须做好以下几项工作。第一，调查主要农田杂草的分布、发生和种类与动态规律，明确优势种、恶性杂草的生物学、生态学特性、杂草的危害程度和防治的经济阈值；第二，要摸清本地区传统的治草习惯、措施，现行杂草防治的技术、经济条件以及进一步提高杂草综合防治水平的条件；第三，在确定主要农作物高产、优质、低耗的持续农业种植制度和栽培技术体系基础上，找出有利于控制杂草的措施和环节，加以强化并与杂草防治体系相衔接；第四，进行各项治草措施的可行性分析和综合效益评估，制定适合本地区技术、经济、自然条件和生产者文化习俗的杂草综合防治体系，并在实践中检验、逐步优化和完善。

（二）综合治理的基本原则

在杂草综合防治的过程中，应确立以下几项基本原则。第一，在作物生长前期，将杂草有效防治好。在作物-杂草系统中，明确杂草竞争的临界持续期和最低允许杂草密度或生物量。如水稻移栽后 30 d 内杂草的危害对产量的损失最明显，在此期限内，有效防治杂草可使杂草丧失竞争优势或使其延后竞争，把杂草的危害减少到最低程度；第二，创造一个不利杂草发生和生长的农田生态环境。此外，任何栽培措施的失策都会导致杂草危害的猖獗。如直播稻田过早播种和不良的前期水肥管理措施将导致杂草过多，竞争优势强，治草工作难度增加或处于被动。因此，必须明确栽培措施是否与杂草防治相协调，是否与高产栽培相适应；第三，积极开展化学除草，化学除草是综合治草措施中的重要环节，可以为作物的前期生长排除杂草的干扰和威胁，促进作物早发，早建群体优势，抑制中后期杂草的生长和危害。应当指出，杂草的综合防治包括对象的综合、措施的综合和安排上的综合，不同的防治对象杂草在不同的时期、不同的作物田间、不同的耕作方式、栽培措施的影响下，其生物学、生态学特性不同。不同的治草措施在不同的作物、作物生长的不同时期的作用和效果不同。不同的地区、不同的经济水平、不同的除草习惯，对杂草综合防治的认同程度、协调应用效果以及产生的社会、经济效益也不同。

（三）综合治草的目标

制定杂草综合防治体系必须明确治草的近期目标和远期目标，充分利用农田生态系统的自组织功能，充分发挥系统内外各因子间的相互促进、相互制衡作用，解决好作物、杂草以及环境间协调、平衡和发展的关系。

杂草综合防治的近期目标是改进现行生产方式，建立适合于生态治草的耕作制度和栽培技术。科学地使用除草剂，包括合理搭配使用除草剂品种、不同作用机理的除草剂复配、改进除草剂剂型以及使用技术；充分认识杂草的生物学和生态学特性，明确防治优势杂草或恶性杂草的经济阈值，协调有关治草措施与田间管理措施间的关系，防止杂草的传播和侵染，将草害控制在所能承受的水平之下。

杂草综合防治的远期目标是弄清作物-杂草系统的自组织作用，研究杂草对除草剂的抗（耐）性，开发新的除草剂品种，发展新的除草技术，开展生物工程育种研究和应用，开展杂草发生和危害的预测预报，开展计算机和卫星定位系统对草害管理的研究和应用，因地制宜地建立本地区最佳综合治草模型。

（四）综合治理的主要环节

农田杂草防治的关键在于增强作物群体生长势，减少杂草的发生量，削弱杂草群体的生长势，具体我们要做好以下几点。

1. 增强作物群体生长势

（1）适期栽培或种植作物　覆盖、耕翻等能延缓杂草的生育进程，诱杀除草可以适当降低生长季节内有效杂草的基数。同时，育苗移栽和适期播种能使作物尽早建立覆盖层。当杂草大量萌发时，作物已形成较好的群体优势，大大增强了与杂草竞争的能力，同时也为诱杀杂草提供了农时上的保证。

(2)增加覆盖强度 选择种植生长快、群体遮阳能力强的作物品种,如高秆作物、豆科作物等,以尽快形成群体优势;合理密植;合理施用肥水、防治病虫害、加强田间管理、促进作物早生快长;改善农田基本条件,合理茬口布局和种植方式,确保作物生长发育良好。

2.减少萌发层杂草繁殖器官有效贮量

(1)截流断源 加强植物检疫,防止外源性恶性杂草或其籽实随作物种子、苗木引进或调运传播扩散,侵染当地农田;进行种子精选,汰除作物种子中混杂的杂草种子;清理水源,严防田边、路埂、沟渠或荒地上的杂草籽实再侵染;以草抑草,在农田生态系统的大环境内防止杂草丛生,在沟边、路边、田边等处种植匍匐性多年生植物,如三叶草、苜蓿等,以抑制杂草;通过有机肥堆置或沤制,产生高温或缺氧环境,杀死绝大部分杂草种子。

(2)诱杀杂草 提早整地,诱使土表草籽萌发,采用播种前耕耙杀除或化除,减少杂草量;加强水分管理,如水稻播种前上水整地,诱发湿生杂草萌发,播种或插秧前集中杀除;在杂草生长后期喷施生长调节剂,防止种子休眠,刺激发芽,使其自然死亡或便于药剂杀除;覆盖无色薄膜,增加土温,使杂草集中迅速出苗,通过窒息、高温杀草,也可使用除草剂一次杀灭;进行中耕,打破杂草种子休眠,促进萌发,破坏或切断多年生杂草繁殖体,抑制杂草生长。

(3)轮作 合理轮作能够创造一个适宜作物生长而不利于杂草生存延续的生境,削弱杂草群体的生长势,增强作物群体的竞争能力;水旱轮作,通过土壤水分急剧变化,使杂草种子丧失活力;密播宽行作物轮作,以利于中耕除草、改变生境条件、减少杂草发生和繁殖;与绿肥轮作,绿肥群体茂密可抑制杂草萌发和生长,且及时翻压绿肥,可切断其种子繁殖环节;禾本科作物与阔叶作物轮作,通过轮用不同的选择性除草剂,全面减少杂草发生和种子繁殖。

(4)深翻 合理深翻,能减少萌发层杂草繁殖器官的有效贮量,增加杂草出苗深度,延缓杂草出苗期,削弱杂草群体生长势,利于作物生长;间隙耕翻,将集中在土壤表层的杂草种子翻入深土层,经过3～5年后可使大部分杂草种子丧失活力,再翻上来,有效杂草种子大大减少;在杂草种子成熟前翻压;通过秋、冬季耕翻将多年生杂草地下根茎和草籽翻到土表,以利干、冻、鸟类和大动物取食,使其丧失活力,减少土壤杂草种子库有效贮量。

3.减少杂草群体密度

减少萌发层杂草繁殖器官有效贮量则杂草密度下降。郁闭的作物群体通过系统的自组织作用也能减少杂草发生。

(1)覆盖治草 覆盖是指通过遮光或窒息减少杂草萌发,并抑制其生长,能延长杂草种子解除休眠的时间,推迟杂草发生期,从而削弱杂草群体生长势。覆盖的方式包括作物群体自身覆盖、替代植物覆盖、作物秸秆覆盖、有色薄膜覆盖、纸覆盖(用于苗床或秧田)、基本不含有活力草籽的有机肥覆盖,以及开沟压泥覆盖、河泥覆盖、蒙头土覆盖、水层覆盖等。

(2)以草抑草 作物田里间、套作或轮作三叶草、苜蓿等,通过系统的自组织作用抑制杂草。

(3)人工除草 包括中耕锄草、割草和拔大草等。

(4)机械除草 包括机械中耕除草、耙、耢、耥、深松、旋耕等形式。

(5)化学除草 包括播前施药、播后芽前施药、茎叶喷雾、防护罩等定向喷雾和涂抹法施药等。

(6)生物除草 属生态系统的自组织作用,包括以虫除草、以菌除草、大动物除草、稻田养鱼除草和利用化感植物除草等。

(7)物理除草　主要包括火烧、电击和微波除草等。

上述讲解了杂草综合防治的各项措施和环节间的关系及其治草原理，在实际生产中要确定切实可行的治草体系时，需因地制宜，并与当地的栽培体系相衔接；需对各项治草措施进行调查、试验、示范和论证筛选，采用除草效果好、效益高的关键措施；还应注意措施的简化和灵活掌握。

模块巩固

1. 什么是物理除草？物理除草包括哪几种方法？
2. 什么是人工除草？人工除草的优缺点是什么？
3. 什么是物理防治？物理防治包括哪几种方法？
4. 简要说明杂草的预防措施？
5. 什么是农业防治，农业防治的方法有哪些？
6. 什么是生态防治？生态防治的方法有哪些？
7. 什么是覆盖治草？简要说明覆盖治草的方法。
8. 什么是生物防治？生物防治的目的是什么？
9. 简要说明经典生物防治的方法有哪些？
10. 简述杂草综合防治的基本原则和目标。

模块四

化学除草剂

【知识目标】

了解除化学草剂的杀草原理、影响化学除草剂药效的主要因素、化学除草剂在环境中的归趋及残留、熟悉除草剂混用的优越性、混用的形式、化学除草剂药害发生的原因、各种化学除草剂药害的症状、药害的预防，掌握化学除草剂的分类、化学除草剂混用的原则、化学除草剂的使用方法、化学除草剂的施用技术、抗性杂草的综合治理。

【能力目标】

具备化学除草剂分类的常识、化学除草剂的施用方法；能够有针对性地根据杂草的特点选择适宜的化学除草剂，采用适宜的施用技术，有效地防除杂草。

化学除草剂又称杀草剂，是能杀死杂草或有害植物，而不影响农作物正常生长的化学药剂。可用于防治农田杂草或杀灭非农耕地的杂草或灌木。化学除草剂被广泛地应用于农业生产中，自其诞生以来，为农业的发展带来了巨大效益，目前化学除草剂的使用量已超过除虫剂，居于农业用药之首。

当前全世界生产的化学除草剂多达300种以上，其发展趋势是向高效、低毒、选择性强、杀草谱广的方向发展，特别是近年来有多种超低用量、新作用点、高选择性的化学除草剂相继问世，这对提高农业生产率、保护生态环境，具有极为重要的意义。

项目一　化学除草剂的使用方法

化学除草剂的除草效果在很大程度上取决于化学除草剂的作用特性和使用技术。正确的使用方法应能让杂草充分接触，并吸收药剂，而尽量避免或减少作物接触药剂的机会，使化学除草剂的施用有效、安全、经济。实践证明，如果使用方法不当，不但除草效果差，有时还会引起药害。因此，了解化学除草剂喷施技术的原理及使用方法是十分重要的。

化学除草剂的施用方法多式多样，对作物而言，化学除草剂可在作物种植前施用，可在作物播后苗前施用，也可在作物出苗后施用；对杂草而言，化学除草剂可在杂草出苗前进行土壤处理，也可在杂草出苗后进行茎叶处理。有的化学除草剂在作物苗后不能满幅喷施，必须用带有防护罩的喷雾器在作物行间定向喷施到杂草上。

一、土壤处理

土壤处理即是在杂草未出苗前，将化学除草剂喷洒到土壤表层或喷洒后通过混土操作将化学除草剂拌入土壤中，建立起一层化学除草剂封闭层，也称土壤封闭处理。化学除草剂土壤处理除了利用生理生化选择性外，也利用时差或位差选择性除草保苗。

化学除草剂土壤处理的药效和对作物的安全性受土壤的类型、有机质含量、土壤含水量和整地质量等因素影响。沙土吸附化学除草剂的能力较壤土差，所以，除草剂在沙土地的使用量应比在壤土上少。从对作物的安全性来考虑，沙土地上使用的化学除草剂易被淋溶到作物根层，从而产生药害，所以，在沙土地使用化学除草剂要特别注意，掌握好用药量，以免发生药害；土壤有机质对化学除草剂的吸附能力强，从而降低化学除草剂的活性。当土壤有机质含量高时，为了保证药效，应加大化学除草剂的使用量；土壤含水量对化学除草剂的活性影响极大，土壤含水量高有利于化学除草剂的药效发挥，反之，则不利于化学除草剂药效的发挥。在干旱季节施用化学除草剂，应加大用水量，或在施药前后灌一次水，以保证除草效果；整地质量好，土壤颗粒小，有利于喷施的化学除草剂形成连续完整的药膜，提高封闭作用。

1. 播前土壤处理

播前土壤处理是在播前或移栽前，杂草未出苗时喷施化学除草剂或拌毒土撒施于田中。施用易挥发或易光解的化学除草剂，如氟乐灵，还须混土。有些化学除草剂虽然挥发性不强，但为了使杂草根部接触到药剂，施用后也需混土，以保证药效。混土深度一般为 4～6 cm。

2. 播后苗前土壤处理

播后苗前土壤处理是在作物播种后，作物和杂草出苗前，将化学除草剂均匀喷施于土表。适用于经杂草根和幼芽吸收的化学除草剂，如酰胺类、三氮苯类和取代脲类等。

二、茎叶处理

茎叶处理是将化学除草剂药液均匀喷洒于已经出苗的杂草茎叶上。茎叶处理化学除草剂的选择性主要是通过形态结构和生理生化选择来实现除草保苗的。茎叶处理受土壤的物理、化学性质影响小，可看草、看苗施药，具有灵活、机动性，但持效期短，大多只能杀死已出苗的杂草。有些苗后处理化学除草剂，如芳氧苯氧丙酸类化学除草剂，它的除草效果受土壤含水量影响较大，在干旱时除草效果下降。苗后茎叶处理，除草效果与温度、空气、相对湿度及杂草大小等因素密切相关。把握好茎叶处理的施药时期是达到良好除草效果的关键，施药过早，大部分杂草尚未出土，难以收到良好除草效果；施药过晚，杂草对化学除草剂的耐药性增强、除草效果也下降。温度过高或过低都会影响除草效果，甚至会出现药害；空气相对湿度过小，除草效果会大大降低。

化学除草剂施用可根据实际需要采用不同的施用方式，如条带、点片、定向、满幅处理。在农田作物生长期施用灭生性化学除草剂时，一定要采用定向喷雾，通过控制喷头的高度或在喷头上装一个防护罩，控制药液的喷洒方向，使药液接触杂草或土表而不触及作物。

项目二　化学除草剂分类

化学除草剂品种繁多，将化学除草剂进行合理分类，能帮助我们掌握化学除草剂的特性，能够合理、有效地使用化学除草剂，达到杂草防除的效果。

一、根据施用时间

1. 苗前处理剂

这类化学除草剂在杂草出苗前施用，对未出苗的杂草有效，对出苗杂草活性低或无效。如大多数酰胺类、取代脲类化学除草剂等。

2. 苗后处理剂

这类除草剂在杂草出苗后施用，对出苗的杂草有效，但不能防除未出苗的杂草。如喹禾灵、二甲四氯以及草甘膦等。

3. 苗前兼苗后处理剂（或苗后兼苗前处剂）

这类除草剂既能作为苗前处理剂，也能作为苗后处理剂，如莠去津、硝磺草酮、甲磺隆、咪唑乙烟酸、异噁草松、异丙隆等。

二、根据对杂草和作物的选择性

1. 选择性化学除草剂

这类化学除草剂在一定剂量范围内，能杀死杂草，而对作物无毒害，或毒害很低。如 2,4-D、二甲四氯、麦草畏、燕麦畏、敌稗和氰氟草酯等。化学除草剂的选择性是相对的，只在一定的剂量下，对作物特定的生长期安全。施用剂量过大或在作物敏感期施用会影响作物生长和发育，甚至完全杀死作物。

2. 非选择性化学除草剂或灭生性化学除草剂

有毒害作用。如草甘膦等。这类化学除草剂主要用在非耕地，也用在作物田，在作物出苗前杀灭已出苗的杂草，或用带有防护罩的喷雾器在作物行间定向喷雾。

三、根据对不同类型杂草的活性

1. 禾本科杂草化学除草剂

主要用来防除禾本科杂草的化学除草剂。如芳氧苯氧丙酸类化学除草剂能防除很多一年生和多年生禾本科杂草，但对其他杂草无效。又如二氯喹啉酸，对稻田稗草有特效，对其他杂草无效或效果不好。

2. 莎草科杂草化学除草剂

主要用来防除莎草科杂草的化学除草剂，如莎扑隆，能在水田、旱地防除多种莎草，但对其他杂草效果不好。

3. 阔叶杂草化学除草剂

主要用来防除阔叶杂草的化学除草剂。如 2,4-D、麦草畏、灭草松和苯磺隆。

4. 广谱化学除草剂

有效地防除单、双子叶杂草的化学除草剂。如烟嘧磺隆能有效地防除玉米地的禾本科杂草和阔叶杂草，又如灭生性的草甘膦对大多数杂草都有效。

四、根据在植物体内的传导方式

1. 内吸性传导型化学除草剂

这类化学除草剂可被杂草的根或茎、叶、芽鞘等部位吸收，并经输导组织从吸收部位传导到其他器官，破坏杂草内部结构和生理平衡，造成杂草死亡。如二甲四氯、烯草酮和草甘膦等。

2. 触杀性化学除草剂

这类化学除草剂不能在植物体内传导或移动性很差，只能杀死植物直接接触药剂的部位，不伤及未接触药剂的部位。如敌稗等。

五、根据作用方式

这类化学除草剂根据作用方式可分为光合作用抑制剂、呼吸作用抑制剂、脂肪酸合成抑制剂、氨基酸合成抑制剂、微管束形成抑制剂、生长素干扰剂。

六、根据化学结构

这类化学除草剂按化学结构分类更能全面反应化学除草剂在品种间的本质区别，以避免因同类化学除草剂的作用机理相同或相近，防除对象也相似造成的混淆或重叠现象。按化学结构分类可分为苯氧羧酸类、苯甲酸、芳氧苯氧丙酸类、环已烯酮类、酰胺类、取代脲类、三氮苯类、二苯醚类、联吡啶类、二硝基苯胺类、氨基甲酸酯类、有机磷类、磺酰脲类、咪唑啉酮类、磺酰胺类等。

项目三 化学除草剂的杀草原理

一、化学除草剂的选择性原理

化学除草剂在某个剂量下对一些植物敏感，而对另一些植物安全，这种现象称为选择性。作物与杂草同时发生，而绝大多数杂草与作物一样均属于高等植物，因此，化学除草剂必须具备有特殊的选择性或采用恰当的使用方法而获得选择性，才能安全而有效地在农田中使用。

农业生产中应用的化学除草剂大多是选择性化学除草剂，化学除草剂的选择性是相对的。有些化学除草剂的选择性是其本身具备的，也有些化学除草剂本身虽不具备选择性，但通过恰当的使用方式也能达到安全有效的除草目的。因此，超量使用、施药方法不当或使用时期不当，都会使化学除草剂丧失选择性而伤害作物。化学除草剂除草保苗的原理是利用了化学除草剂的选择性，这种选择性归纳起来有以下几种。

（一）时差选择性

对作物有较强毒性的化学除草剂，利用施药时间的不同，而达到安全有效地除草而不伤害作物，称为时差选择性。这些化学除草剂残效期较短，但药效迅速，利用这一特点，在播种前或播种后出苗前施药，可将已发芽出土的杂草杀死，而无害于种子及以后幼苗的生长。如草甘膦在作物播种前、播后苗前、插秧前、育苗前或造林之前施用，可杀死已经萌发的杂草，而由于它们在土壤中可迅速钝化，因此可安全地进行作物播种、插秧、育苗或造林。

(二)位差选择性

土壤处理化学除草剂对地表下不同深度的植物的毒害程度不同,可利用位差来杀灭表土层中的杂草,而保护根在土壤深处的作物幼苗。利用植物根系深浅不同及地上部分的高低差异进行化学除草,称为位差选择。一般情况下,杂草根系分布较浅,且大都仅在土壤表层。因此,把化学除草剂施于土壤表层,可以达到杀草保苗的目的。对作物有毒害的化学除草剂可利用其在土壤的位差而获得选择性,通常可用下列 3 种处理方法达到目的。

1. 土壤位差选择性

(1)播后苗前土壤处理法　在作物播种后出苗前的阶段施药,利用药剂固着在表土层而不向深层淋溶的特性,杀死或抑制表土层中杂草的萌发,作物种子因有覆土层的保护,可正常发芽生长。但浅播作物如谷子,以及一些淋溶性强的化学除草剂则很难利用这种选择性。此外,沙性土壤田由于药剂容易向下淋溶,容易发生药害。

(2)深根作物生育期土壤处理法　利用化学除草剂在土壤中的位差,杀死在土壤表层中的浅根杂草,而对深根作物无害。

2. 空间位差选择性

有些对作物有毒害的化学除草剂,在作物生育期可向行间空间定向喷雾法或使用防护设备,使药液接触不到作物或仅喷到非要害的基部。

(三)形态选择性

植物的形态,如叶表结构、生长点的位置等,直接关系到药液的承受和吸收,因而影响植物的耐药性(表 4-1)。利用植物外部形态上的不同而获得的选择性。如单子叶植物和双子叶植物,外部形态上差别很大,造成双子叶植物容易被伤害。

表 4-1　单、双子叶植物形态差异与耐药性

植物	组　织	
	叶片	生长点
单子叶植物	竖立、狭小、表面角质层和蜡质层较厚,表面积较小,叶片和茎秆直立,药液易于滚落	顶芽被重重叶鞘所包围、保护,触杀性除草剂不易伤害分生组织
双子叶植物	平伸,面积大,叶片表面的角质层较薄,药液易于在叶片上沉积	幼芽裸露,没有叶片保护,触杀性药剂能直接伤害分生组织

(四)生理选择性

不同植物的茎叶或根系对化学除草剂的吸收与传导的差异而产生的选择性,称为生理选择性。植物不同,其发芽、幼苗出土特性不同,根芽形态存在差异,角质层发育程度不同,它们吸收化学除草剂的能力也就不一样。另外,不同的生理代谢也影响到吸收能力。如果化学除草剂易被植物吸收与输导,则植物常表现较敏感,反之植物表现为不敏感。

一般来说,生理选择性不是化学除草剂选择性的唯一原因,它在化学除草剂的选择性中只是起到部分作用。在很多情况下,同是敏感的植物,它们吸收、传导化学除草剂能力并不一样。

化学除草剂必须从吸收部位传导到作用部位,才能发挥生物活性。植物传导能力决定了作用部位化学除草剂的浓度。所以传导能力差异影响到化学除草剂的选择性。如扑草净对棉花的选择性,其原因之一是由于该药在棉花体内被溶生腺所捕获,不易传导。

黄瓜由于易从根部吸收药剂,故表现敏感,而有的品种的南瓜则难于从根部吸收,故耐药性强;水稻吸收禾草特后仅向上传导,而稗草既向上也向下传导,并分布于植株各个部位。

(五)生物化学选择性

利用化学除草剂在不同植物体内的生物化学反应的差异而产生的选择性,称为生物化学选择性。大多数化学除草剂的选择性是由于生化选择作用。培育抗化学除草剂作物主要是利用生化选择性,将抗性基因导入作物使作物获得抗药性。

生化选择是指植物钝化化学除草剂能力(包括降解和共轭作用)、靶标酶的敏感性和耐受毒害影响的能力的差异而实现的选择性。

1. 化学除草剂在植物体内活化反应的差异产生的选择性

这类化学除草剂本身对植物无毒或毒害作用较小,但在植物体内经过代谢而成为有毒物质。因此,这类化学除草剂的毒性强弱,主要取决于植物转变药剂的能力,转变能力强者被杀死,而转变能力弱者则得以生存。

2. 化学除草剂在植物体内钝化反应的差异产生的选择性

这类化学除草剂本身对植物有毒害,但经植物体内的酶或其他物质的作用,钝化而失去其活性,变成无毒物质。由于不同植物种类含有解毒物质含量的差别,而产生了选择性。如水稻体内含有酰胺水解酶,能够迅速地水解钝化敌稗,形成无毒物质;而稗草等杂草则酰胺水解酶含量少,难于分解和钝化敌稗,故仍能维持敌稗的毒性。同理,烟嘧磺隆对玉米的选择性是由于烟嘧磺隆被玉米吸收后,能迅速降解。

(六)量差选择性

利用苗木与杂草耐药能力上的差异获得选择性。一般木本植物根深叶茂,植株高大,抗药能力强;杂草则组织幼嫩,抗药能力差。如用药量得当,可获得杀草保苗的效果。

(七)化学除草剂利用保护物质或安全剂获得选择性

选择性差的化学除草剂,可以通过保护物质或安全剂而获得选择性。

1. 保护物质

目前已经广泛应用的保护物质为活性炭。例如落叶松种子,可用吸附性能强的活性炭处理,从而避免或降低氟乐灵等除草剂的药害。

2. 安全剂

化学除草剂安全剂又称为解毒剂或保护剂,是用来保护作物免受化学除草剂的药害,从而增加作物的安全性和改进杂草防除效果的化合物。在化学除草剂中加入安全剂,可以提高作物的耐药性,其作用也包括选择性化学除草剂增效剂,以扩大化学除草剂的杀草谱而不增加对作物的药害,如加了安全剂解草啶的丙草胺能用于水稻苗床,而没加安全剂的则不能用。

(八)采用生物技术获得选择性

采用生物技术将抗化学除草剂基因导入作物,使作物获得抗药性而不受化学除草剂毒害。

采用生物技术培育抗化学除草剂作物主要是利用生化选择性。

(九)采用适当的施药技术措施获得选择性

采用定向喷雾保护苗木，如采用伞状喷雾器，只向杂草喷药，注意避开苗木；在已经移栽的苗木上，采用遮盖措施进行保护，避免药剂接触苗木或其他栽培植物；有些对苗木有毒的化学除草剂，在生长期可用定向喷雾法、防护设备、涂抹法，使药液接触不到苗木而达到用药安全的目的。

二、化学除草剂的作用机理

化学除草剂被植物根、芽吸收后，作用于特定位点，干扰植物的生理、生化代谢反应，导致植物生长受抑制或死亡。化学除草剂对植物的影响分初生作用和次生作用。初生作用是指化学除草剂对植物生理生化反应的最早影响，即在化学除草剂处理初期对靶标酶或蛋白质的直接作用。由于初生作用而导致的连锁反应，进一步影响植物的其他生理生化代谢，被称为次生作用。

(一)抑制光合作用

光合作用包括光反应和暗反应。在光反应中，通过电子传递链将光能转化成化学能储存在 ATP 中；在暗反应中，利用光反应获得的能量，将水和二氧化碳合成为碳水化合物。化学除草剂主要通过抑制光合电子传递链、抑制光合磷酸化、抑制色素合成和抑制水的光解，来实现抑制光合作用。

(二)抑制脂肪酸合成

脂类是植物细胞膜的重要组成部分，现已发现有多种化学除草剂抑制脂肪酸的合成和链的伸长。如芳氧苯氧丙酸类、环己烯酮类、硫代氨基甲酸酯类、哒嗪酮类。

(三)抑制氨基酸的合成

1.抑制芳香氨基酸合成

很多次生芳香物也是通过莽草酸途径合成的，如苯基丙氨酸、酪氨酸和色氨酸等。在目前商品化的化学除草剂中只有草甘膦影响莽草酸途径，其作用靶标酶是 5-烯醇式丙酮酸莽草酸-3-磷酸合成酶。

2.抑制支链氨基酸合成

缬氨酸、亮氨酸和异亮氨酸是通过支链氨基酸途径合成的。新开发的超高效化学除草剂磺酰脲类、咪唑啉酮类和磺酰胺类除草剂抑制这 3 种支链氨基酸的合成，其作用靶标酶是支链氨基酸合成途径中第一个酶，乙酰乳酸合成酶。

3.抑制谷氨酰胺合成

谷氨酰胺合成酶是氮代谢中重要的酶，它催化无机氨同化到有机物上，同时，也催化有机物间的氨基转移和脱氨基作用。草丁膦除草剂的作用靶标酶是谷氨酰胺合成醇，阻止氨的同化，干扰氮的正常代谢，导致氨的积累，光合作用停止，叶绿体结构破坏。双丙氨膦本身是无化学除草活性的，被植物吸收后，分解成草丁膦和丙氨酸而起杀草作用。

(四)干扰激素平衡

最早合成的有机化学除草剂苯氧乙酸类(2,4-D、二甲四氯)、苯甲酸类化学除草剂具有植物生长素的作用,氯氟吡氧乙酸和二氯喹啉酸也属激素型化学除草剂。

植物通过调节激素合成和降解、输入和输出速度以及共轭作用来维持不同组织中的生长素正常的水平,其中可逆共轭作用最为重要。激素型除草剂处理植物后,由于缺乏调控它在细胞间浓度,所以植物组织中的激素型化学除草剂浓度极高,而干扰植物体内激素的平衡,影响植物的生长发育,最终导致植物死亡。

(五)抑制微管与组织发育

植物细胞的骨架主要是由微管和微丝组成。它们保持细胞形态,在细胞分裂、生长和形态发生中起着重要的作用。目前,还没有商品化的化学除草剂干扰微丝。大量研究表明很多化学除草剂直接干扰有丝分裂的纺锤体,使微管的机能发生障碍或抑制微管的形成。如二硝基苯胺类除草剂与微管蛋白结合,抑制微管蛋白的聚合作用,导致纺锤体微管不能形成,使得细胞有丝分裂停留在前、中期,而影响正常的细胞分裂,导致形成多核细胞、肿根。

项目四　化学除草剂在环境中的归趋及残留

一、化学除草剂在环境中的归趋

了解化学除草剂在环境中的归趋,不但可提高化学除草剂的使用效果,还可以防止或降低对环境的影响。化学除草剂使用后在环境中通过物理、化学、生物途径,发生一系列变化。

1. 挥发

挥发作用是那些蒸汽压比较高的化学除草剂,如二硝基苯胺类、硫代氨基甲酸酯类,从土壤中消失的主要途径之一。挥发作用可使化学除草剂从土壤表面迅速消失,而使除草效果下降。如土壤喷施氟乐灵后,要立即混土,否则氟乐灵会大量挥发,除草效果下降。另外,挥发作用还可能造成飘移药害,如喷施2,4-D丁酯,其蒸汽极易飘移出施药区,对邻近的敏感作物造成药害。

2. 淋溶

淋溶是化学除草剂随着水流在土壤中移动的现象。化学除草剂在土壤中的淋溶作用不仅影响到它的除草效果,也影响到对作物的安全性。淋溶可能使化学除草剂从浅层杂草根区到较深的作物根区而降低除草效果,并造成作物药害。淋溶作用使化学除草剂移动到深层土壤中而污染地下水。化学除草剂淋溶作用大小受化学除草剂水溶性和土壤质地、土壤结构、有机质含量和降水量的影响。水溶性高的化学除草剂淋溶性强;化学除草剂在沙性、孔隙大、有机质含量低的土壤中淋溶的速度快,相反在黏性、有机质含量高的土壤中则慢;化学除草剂淋溶量与降水量呈正相关。

3. 径流

径流是指化学除草剂随着雨水或灌溉水在地表水平移动。径流主要发生在水田和坡地,径流是化学除草剂进入河流、湖泊的主要途径。

4.吸附与解吸附

土壤含有大量的无机胶体(黏粒)和有机胶体(腐殖质),具有极大的界面,它能通过物理或化学方式吸附除草剂分子。吸附作用又可分为可逆吸附和不可逆吸附。不可逆吸附使除草剂丧失除草活性,可逆吸附则可以防止除草剂迅速从土壤中消失,保持残留活性。因为被吸附的除草剂不易挥发、淋溶与降解。

5.光解

有很多除草剂对光敏感,主要是紫外线,在阳光的照射下,发生分解而失活。如二硝基苯胺类除草剂极易光解。为了防止这类除草剂的光解,提高除草活性,喷施后要立即混土,避免光照射。对大多数除草剂来说,光解不是它们在环境中消失的主要途径。

6.化学降解

除草剂能与土壤中的成分发生化学反应而消失。这些化学反应包括氧化还原反应、水解、形成非溶性盐和络合物。如其中水解是最主要的。

7.微生物降解

微生物降解是有些除草剂在土壤中降解的主要途径。参与除草剂降解的微生物有真菌、细菌和放线菌。微生物降解的途径有脱卤、脱烷基化、水解、氧化、羟基化,环裂解、硝基还原等。除草剂的微生物降解有一个滞后期,过一段时间后,降解才迅速加快。连续多年施用某种除草剂可使得土壤中降解这种除草剂的微生物种群保持在较高的水平,使得这种降解滞后期缩短,甚至消失。这样会降低土壤处理除草剂的持效期,从而降低除草效果。

8.植物吸收

植物吸收也是除草剂从土壤中消失的途径之一。被植物吸收的除草剂在植物体内可发生氧化还原、水解、环化、环的裂解、共轭等作用而消失。被吸收的除草剂也可随着作物收割被移出农田。

二、化学除草剂在土壤中的残留

化学除草剂在土壤中的残留影响到化学除草剂的持效性和对环境的安全性。从防除杂草的角度,除草剂应具有一定的残留期,否则除草效果不好;残留期太长,又会造成下茬作物的药害。从环境的角度,化学除草剂的残留期越短越好,化学除草剂太稳定,不易降解,在环境中的残留量大,污染环境。如莠去津,在环境中较稳定,对地下水的污染严重。

化学除草剂在环境中的稳定性主要由它本身的化学结构和理化性质所决定,同时,也受到环境条件的影响。不同化学除草剂在土壤中稳定性相差甚远。如敌稗在土壤中极易被降解,无残留活性,而有的化学除草剂,如甲磺隆、绿磺隆、咪唑乙烟酸和莠去津在土壤中的残效期极长,被称为长残效化学除草剂,这些长残效化学除草剂易对下茬敏感作物造成药害。有的化学除草剂在土壤中被土壤颗粒吸附,虽然残留期长,但无土壤处理活性。

化学除草剂在土壤中的稳定性还受到剂型、环境条件的影响。如 2，4-D 不同剂型的半衰期不同,依次为酸小于酯,小于二甲胺盐;土壤质地、有机质含量、pH、离子交换量和含水量等均影响化学除草剂的残留,如绿磺隆在碱性土壤中比在酸性土壤中残留长。化学除草剂残留也与气候条件有关。高温、高湿、多雨有利化学除草剂降解,减少残留。

项目五 化学除草剂种类简介

一、苯氧羧酸类除草剂

1941年,世界上合成了第一个苯氧羧酸类除草剂2,4-D,1945年研发了除草剂二甲四氯。此类除草剂显示的选择性、传导性及杀草活性成为其后化学除草剂发展的基础,促进了化学除草剂的发展。迄今为止,苯氧羧酸类除草剂仍然是重要的化学除草剂品种,其在除草剂排行榜中位居第4位,仅次于灭生性除草剂草甘膦、二甲戊乐灵。

(一)理化特性

苯氧羧酸类除草剂品种中,普遍应用的是2,4-D、二甲四氯。纯品一般为白色结晶、无色油状液体和黄色或棕色固体,略有酚的气味,对金属有腐蚀作用。其活性强弱依次为2,4-D、二甲四氯;2,4-D易溶于有机溶剂,难溶于水,因此现在已很少直接使用,常加工成钠盐、胺盐和丁酯使用,同一品种的活性强弱依次为酯、酸、盐;在盐类中,活性强弱依次为胺盐、铵盐、钠盐。2,4-D丁酯难溶于水,具有较强的展着性、渗透性和内吸性,易进入植物体内,在植物表面黏附性强,不易被雨水冲刷,药效持效期短。

此类除草剂的突出特性是选择性强,杀草谱广,用量低,使用安全。主要进行茎叶喷雾,防治阔叶杂草;土壤处理时,也能防治禾本科杂草幼芽;植物根,茎、叶均可吸收,通过韧皮部、木质部上下传导,并积累于分生组织,其盐与酯类被植物吸收后,在体内转变为酸而发生毒性效应;脂溶性低的钾盐与钠盐不易被吸收,游离酸极性低,进入角质层迅速,低分子酯类虽然易进入角质层,但由于其触杀作用迅速造成局部细胞或组织坏死,使传导作用受阻;高分子酯类的脂溶性高,吸收迅速,除草活性高;盐类在土壤中易于淋溶,并通过微生物进行降解,在温暖湿润的条件下持效期2～4周,在冷凉干燥条件下,可达1～2月。

苯氧羧酸类除草剂属于低毒化学除草剂,对人、畜、鱼类安全,对蜜蜂敏感。

(二)作用特性

1.杀草特性

苯氧羧酸类除草剂易被植物的根、叶吸收,通过植物的木质部或韧皮部进行传导,在分生组织积累。具有植物生长素的作用,植物吸收后,体内生长素的浓度高于正常值,从而打破了植物体内的激素平衡,影响到植物的正常代谢,导致敏感杂草发生一系列生理生化变化,组织异常和损伤,伸长生长停止,产生次生膨胀,导致根与茎的肿胀,进而韧皮部被堵塞。最终导致木质部破坏,植株死亡。

2.选择性

吸收与传导的差异是苯氧羧酸类除草剂对禾本科与双子叶植物之间产生选择性的重要因素之一。2,4-D在双子叶菜豆体内的传导非常迅速,并在嫩芽中积累,由于禾本科作物居间分生组织的存在其传导性很差。同时植物幼苗吸收和传导2,4-D最快,2,4-D在敏感植物内的吸收与传导速度及数量远远大于禾本科作物。

轭合作用是苯氧羧酸类除草剂选择性的重要因素。玉米吸收2,4-D迅速并与植物代谢产物进行轭合；而在双子叶的菜豆植株内，此过程非常缓慢，甚至收获时仍含有游离的2,4-D。而且，在敏感植物内所形成的轭合物往往也具有生物活性，但在单子叶植物体内形成的糖苷轭合物则完全丧失活性。

某些作物虽然也吸收药剂，但由于其生物体内部不存在β-氧化作用或β-氧化作用很差，因此也不受害。二甲四氯丁酸在敏感作物荨麻体内通过β-氧化作用将其转变为二甲四氯，从而受害致死，而芹菜与豆科等植物由于体内不存在β-氧化作用，因而对这两种除草剂具有耐药性。

(三)应用

1. 防治对象

苯氧羧酸类除草剂主要作为植物茎叶处理剂，用于禾谷类作物、针叶树、非耕地、牧草、草坪等防除一年生和多年生的阔叶杂草，如苋、藜、苍耳、田旋花、马齿苋、大巢菜、波斯婆婆纳、播娘蒿等。特别是禾谷类作物，如小麦、水稻、玉米等阔叶杂草的防除中，其中小麦的抗性最强。

2,4-D与二甲四氯除了在禾谷类作物田进行茎叶处理外，还可在玉米、大豆，花生、蚕豆等大粒作物出苗前进行土表处理防除阔叶杂草，其药效、药害与土壤特性及降水量有密切关系。2,4-D盐类在土壤中移动范围为2～4 cm，一般应用酯类为宜。

2. 注意事项

在使用这类除草剂时，要注意禾谷类作物的不同生长期和品种对其抗性有差异，如小麦、水稻在四叶期前和拔节后对2,4-D敏感，在分蘖期则抗性较强。另外，使用中要防止雾滴飘移或药剂挥发而导致对周围敏感作物产生药害。二甲四氯对植物的作用比较缓和，特别是在异常气候条件下对作物的安全性高于2,4-D，飘移药害也比2,4-D轻。

二、苯甲酸类

苯甲酸类除草剂的主要产品为草芽平(2,4,6-三氯苯甲酸)、地草平(3-硝基-2,5-二氯苯甲酸)、豆科威(3-氨基-2,5-二氯苯甲酸)、麦草畏(2-甲氧基-3,6-二氯苯甲酸)、敌草索等。

(一)理化特性

苯甲酸类除草剂是选择性内吸传导激素型药剂，可被植物根、幼芽、叶迅速吸收和传导，根吸收后通过木质部向茎叶传导，叶吸收后通过韧皮部向上和向下运输。除豆科威等个别品种外，大多数品种既具有茎叶处理活性，也有土壤处理活性；植物迅速吸收并传导和积累于分生组织。多数品种都是防治阔叶杂草的化学除草剂。

(二)作用特性

这类除草剂杀草原理与苯氧羧酸类除草剂近似，干扰内源激素平衡，影响植物根与芽的正常发育，造成叶片畸形、叶柄与茎弯曲、根肿大、茎尖顶端膨大、生长点萎缩、分枝增多等。

苯甲酸类除草剂的选择因素很多，不同植物与组织对药剂的吸收、传导、分布、代谢及解毒能力的差异是其选择性的重要原因。单子叶与双子叶植物对三氯苯甲酸的吸收、传导以及在植物体内的分布存在差异，用三氯苯甲酸处理敏感作物菜豆后，从菜豆初生叶向外传导，并迅速积累于正在发育的复叶叶芽内，药剂通过韧皮部的活细胞而传导。耐药性作物玉米则从处理的叶片向其他部位缓慢传导，药剂不仅积累于芽顶，而且也在未处理叶片的成熟部位积累，并从处理部位向叶尖传导。

轭合作用是某些植物具有抗性的重要原因之一。麦草畏在小麦与草地早熟禾植株内的主要降解产物是5-羟基麦草畏，其次是3,6-二氯邻羟基苯甲酸，最终形成葡糖轭合物。

在土壤中的持效期因品种而异，每公顷用量2.24～3.4 kg时，豆科威的持效期为6～8周；用量0.56 kg时，麦草畏的持效期超过3个月。

苯甲酸类除草剂品种为低毒化学除草剂。在试验剂量内对动物无三致(致畸、致癌、致突变)作用，对鱼类及水生生物低毒。

(三)应用

1.豆科威

土壤处理防治一年生杂草幼芽，对阔叶草防效优于禾本科草，用于大豆、花生、玉米、向日葵、胡萝卜等作物进行苗前土壤处理，用于番茄、辣椒、甘薯等栽后处理，每公顷用量2～4 kg，持效期6～8周。

2.麦草畏

防治阔叶草及灌木，与2,4-D混用可扩大杀草谱，用于小麦、大麦、玉米等苗前土壤处理，在土壤中易于移动，持效期较长。

三、酰胺类

1952年孟山都公司成功开发氯乙酰胺类化学除草剂，1956年成功生产了烯草胺。当前，酰胺类除草剂研发有较大发展，现在常用的主要产品有甲草胺、乙草胺、异丙甲草胺、丁草胺、敌稗、萘苯酰草胺、苯噻酰草胺等。

酰胺类除草剂在近代农田化学除草中占居重要地位，其应用作物种类与使用面积均居除草剂前列。在氯代乙酰胺类除草剂中，用量最大的品种是乙草胺、甲草胺和异丙甲草胺。

(一)理化性质

酰胺类除草剂原药为乳白色或无色固体，有些品种为黄色或棕色固体。常温下难溶于水。易溶于乙醇、乙醚、丙酮、苯、二甲苯和氯仿等有机溶剂。酰胺类化合物均较稳定，在强酸与碱性条件下水解，挥发性小、不电离、在植物体内易降解。活性高低依次为乙草胺、异丙甲草胺、甲草胺、毒草胺。

水解是酰胺类除草剂在土壤中的主要降解反应，此种反应通过土壤微生物含有的酰基酰胺酶而进行，它们使酰胺类除草剂水解形成苯胺和脂族部分，后者作为基质被微生物利用，而苯胺有时能直接形成缩合产物，如敌稗在土壤中水解产生的二氯苯胺缩合形成3,3,4,4-四氯偶氮苯。

(二)作用特性

酰胺类除草剂多数为土壤处理剂，其中单子叶植物的主要吸收部位是幼芽，双子叶植物主要通过根部吸收，其次是胚轴或幼芽。

酰胺类除草剂对植物的呼吸作用有明显抑制，一些品种作为电子传递抑制剂、解偶联剂等可对植物的光合作用产生抑制；酰胺类除草剂的作用机理一般是脂类合成抑制剂或细胞分裂与生长抑制剂。

酰胺类除草剂的选择性在于位差选择、生理作用选择、降解差异和代谢作用差异选择。

1.位差选择性

位差选择在氯代酰胺类除草剂安全使用中起着较大作用。此种选择性受除草剂本身的物理化学特性、土壤特性、气候条件以及植物吸收药剂部位的影响，特别是除草剂在土壤中的位置及作物种子播种的深度，影响更大。其原因是此类除草剂的主要作用部位是植物的根系。

2.生理作用选择

敌稗能促进水稻与稗草的叶片失水，但稗草的失水速度远较水稻迅速，这可能是细胞膜系统受破坏的缘故，另外水稻接触敌稗后细胞不易产生质壁分离，而稗草即使在低浓度下也会引起质壁分离。

3.降解差异

水稻对敌稗耐药性的原因在于它能迅速降解敌稗，降解敌稗的能力至少比稗草高20倍。其是通过植物体内的一种酰胺水解酶，把敌稗转化为二氯苯胺和丙酸，前者在水稻体内与葡萄糖或木质素等结合形成复合物而被钝化。而稗草中酰胺水解酶含量低，转化敌稗能力差，故能引起中毒。

4.代谢作用差异

用2-氯乙胺除草剂处理玉米、大豆、燕麦与黄瓜后，发现玉米与大豆在短期内代谢药剂的量很多，而燕麦与黄瓜实际上未能进行代谢。因而，除草剂在耐药性植物体内通过代谢作用，如N-脱烷基化、水解、氧化以及轭合等进行了降解，丧失毒性。降解的产物为羟基乙酸，是植物体内的天然代谢产物，因而不会残留与污染农产品。

根据我国农药分级标准，此类化学除草剂多数为低等毒性，少数为中等毒性的化学除草剂，在试验剂量内对动物未见致畸、致癌、致突变作用。

(三)主要产品介绍

1.乙草胺

(1)通用名称　乙草胺。

(2)商品名称　禾耐斯、封地龙(美国孟山都)。

(3)加工剂型　25%乳油、50%乳油、88%乳油、90%乳油、99%乳油和20%可湿性粉剂等。

(4)适用范围　适用于大豆、花生、玉米、油菜、甘蔗、棉花、马铃薯、白菜、萝卜、甘蓝、花椰菜、番茄、辣椒、茄子、芹菜、胡萝卜、莴苣、茼蒿菜、豆科蔬菜、柑橘、葡萄等。

(5)防治对象　稗草、狗尾草、马唐、看麦娘、早熟禾、千金子、硬草、野燕麦、金狗尾草、棒头草等一年生禾本科杂草；藜、反枝苋、酸模叶蓼、柳叶刺蓼、小藜、鸭跖草、菟丝子、萹蓄、节蓼、卷茎蓼、铁苋菜、繁缕、野西瓜苗、香薷、水棘针、狼把草、鬼针草等一些小粒种子的阔叶杂草。

2.精异丙甲草胺

(1)通用名称　精异丙甲草胺。

(2)商品名称　金都尔

(3)加工剂型　96%乳油。

(4)适用范围　适用于玉米、大豆、高粱、花生、甜菜、蚕豆、甘蔗、棉花、油菜、向日葵等作物田。

(5)防治对象　稗草、狗尾草、金狗尾草、牛筋草、早熟禾、野黍、画眉草、黑麦草、稷、虎尾草、鸭跖草、芥菜、小野芝麻、油莎草(在沙质土和壤质土中)、水棘针、香薷、菟丝子等,对柳叶刺蓼、酸模叶蓼、萹蓄、鼠尾、看麦娘、宝盖草、马齿苋、繁缕、藜、小藜、反枝苋、猪毛菜、辣子草等有较好的防治效果。

3.敌稗

(1)通用名称　敌稗。

(2)商品名称　敌稗。

(3)加工剂型　20%乳油。

(4)适用范围　水稻旱育秧田和水育秧田水稻苗后稗草 1.0～2.5 叶期,移栽田插秧后稗草 2～3 叶期,直播田水稻苗后稗草 1.0～2.5 叶期施药。

(5)防治对象。稗草、雨久花、一年生泽泻、水马齿、马唐、狗尾草、反枝苋、牛毛毡、皱叶酸模、地肤、野芥、卷茎蓼等。

(四)应用

酰胺类除草剂多数品种都是防治一年生禾本科杂草的化学除草剂,且以土壤处理剂为主,通常进行芽前土表处理。土壤含水量明显影响酰胺类除草剂除草活性。土壤黏粒和有机质对酰胺类除草剂有吸附作用,土壤黏粒和有机质含量增加,其用药量应相应增加,但有机质含量在 6%以下,对乙草胺的药效影响不大。pH 对酰胺类除草剂药效影响不大。

丁草胺、丙草胺、苯噻酰草胺主要用于稻田除草,在水稻插秧后 4～7 d 保持水层撒施。敌稗是用于秧田、直播和插秧田的高选择性化学除草剂,由于它是触杀性除草剂,所以喷药前彻底排水并选择高温、晴天喷药。

酰胺类除草剂可与三氮苯类、脲类、苯氧羧酸类等多类除草剂混用。如大豆苗前土壤处理时,乙草胺、异丙甲草胺、甲草胺可以与嗪草酮、利谷隆、氯溴隆,豆科威,2,4-D 丁酯等混用;玉米田可与莠去津、氰草津、扑草净混用;棉田可与伏草隆混用;在水稻田,丁草胺可以与苄嘧磺隆、吡嘧磺隆混用。

四、氨基甲酸酯和硫代氨基甲酸酯类

氨基甲酸酯类除草剂是 1945 年发现苯胺灵的除草活性后逐步开发出来的,相继有燕麦灵、甜菜宁 、磺草灵、甜菜灵。在中国登记的有燕麦灵、甜菜灵。

硫代氨基甲酸酯类化合物是在氨基甲酸酯类的基础上于 1954 年发展起来的一类化学除草剂,首先发现的是丙草丹,随后开发了禾草特、灭草猛、丁草特以及燕麦畏、杀草丹等。

(一)理化性质

氨基甲酸酯类和硫代氨基甲酸酯类除草剂在常温下难溶于水。易溶于乙醇、乙醚、丙酮、苯、氯仿和二甲苯等有机溶剂中,无腐蚀性,一般情况下稳定。

此类除草剂饱和蒸气压高,易挥发,特别是从湿土表面挥发迅速,施于干旱土壤容易被吸附,但水分子易于置换矿物胶体吸附的除草剂分子,通过解吸附将其释放于土壤溶液中,再度进行挥发。

挥发是硫代氨基甲酸酯类除草剂从土壤中消失的重要因素之一，挥发性强弱与土壤湿度、温度、有机质及黏粒含量显著相关，高温、高湿、有机质及黏粒含量低均促进挥发；土壤微生物在氨基甲酸酯和硫代氨基甲酸酯类除草剂降解中起着重要作用。其降解速度因土壤种类而异，与土壤氧化和还原状态关系密切，在旱田土壤中降解最快，在具有氧化状态的灌溉水条件下降解也比较快，在还原状态的灌溉水条件下降解速度最慢。此类除草剂在土壤中的降解速度因土壤类型及含水量而异，特别是杀草丹在旱田土壤中降解最快，在保持水层的还原状态下降解最慢。

(二)作用特性

氨基甲酸酯类和硫代氨基甲酸酯类除草剂主要通过植物根、胚芽鞘及叶吸收，向分生组织传导，通过对根、芽的抑制而使根尖肿大，幼芽畸形及矮化，从而防治杂草幼芽及幼苗。其作用效果受土壤质地、有机质含量影响，如土壤有机质与黏粒对氨基甲酸酯类除草剂均有不同的吸附作用，所以用药量因土壤有机质含量与土壤质地而异。硫代氨基甲酯化合物是一类广泛使用的除草剂，由于其挥发性强，因此，在使用中最关键的问题是喷药后应及时耙地混土，一般混土深度为 5～8 cm。应用于稻田的品种需保持水层施药。

1. 杀草特性

氨基甲酸酯类和硫代氨基甲酸酯类除草剂由于品种不同，杀草机理也存在一定差异。大部分品种抑制呼吸作用以及光合作用，同时干扰类脂物形成，从而影响膜的完整性。在大多数情况下，杂草出苗并生出 1～2 片真叶后死亡。

2. 选择性

氨基甲酸酯类除草剂的选择性因品种而异，但植物体内代谢速度的差异则是大多数品种选择性的重要原因。在耐性植物体内，降解速度非常快；而在敏感植物体内降解反应速度慢。用燕麦灵处理燕麦草和小麦的胚芽鞘 24h 后，发现燕麦草胚芽鞘中游离燕麦灵的含量高，而小麦低，同时燕麦灵及其代谢产物进入燕麦草胚芽鞘包被的茎内的数量也比小麦多。

硫代氨基甲酸酯类除草剂的选择性是依靠吸收与传导的差异以及在植物体内的降解差异来实现的。禾草丹对水稻与稗草的选择性原因之一，在于稗草对药剂的吸收及其在体内的传导均比水稻迅速，特别是当稗草幼龄时，禾草丹的吸收与传导更快。克草丹对绿豆与小麦的选择性就在于在体内降解速度的差异。

此类化学除草剂多数为低等毒性，少数为中等毒性；在试验剂量内对动物未见三致作用。

(三)应用

主要应用于玉米、大豆、甜菜、小麦、花生，水稻等作物田防治一年生禾本科杂草，少部分品种防除一年生阔叶杂草和多年生禾本科与阔叶杂草以及蕨类等。如燕麦灵对燕麦有特效，甜菜宁用于甜菜地茎、叶处理阔叶类杂草。大多数品种主要防治杂草幼芽与幼苗。因此，多在作物播种后，杂草萌芽前进行土表处理或出苗后早期茎、叶处理。

此类化学除草剂可与多种化学除草剂混用，如燕麦灵用于麦田与二甲四氯、百草敌等混用，禾草丹与西草净、二甲四氯丁酸乙酯混用，禾草丹与苄嘧磺隆混用用于水稻田等。氯苯胺灵是防治菟丝子的有效除草剂，一般将含氯苯胺灵的黏土颗粒施于湿土表面，缓慢挥发，以防治菟丝子幼苗。

五、二苯醚类

1960 年罗门哈斯公司科研人员再次合成除草醚，开发了二苯醚类除草剂。目前的产品有乙氧氟草醚、三氟羧草醚、氟磺胺草醚、乙羧氟草醚等。

(一)理化性质

二苯醚类化合物多为固体，少数为液体。常温下不溶或微溶于水，易溶于乙醇、丙酮、二甲苯等有机溶剂。常温下贮存稳定期 1～2 年，有效成分不发生分解。在紫外光照射下，此类除草剂进行光化学分解。

二苯醚类除草剂大部分品种水溶度低，被土壤胶体吸附，在土壤中不易移动，持效期一般为 20～90 d，在光照条件下才能发挥除草活性。能够通过动物、植物、微生物、日光等作用发生反应而分解。醚键水解与硝基还原是其在土壤中的主要降解反应，硝基还原为氨基的过程与土壤氧化还原状态显著相关，还原状态越严重的土壤，越易生成氨体；除草醚、草枯醚、甲氧醚等二苯醚除草剂在土壤微生物作用下均生成无除草活性的氨衍生物。它们的分解因土壤而异，在旱田土壤中分解极其缓慢，但在淹水土壤中则分解迅速，生成大量氨体。

(二)作用特性

二苯醚类除草剂易被植物吸收，但传导作用较差。二苯醚类除草剂对植物主要起触杀作用，且与光密切相关。凡是邻位及对位取代的品种都具有光活性化作用，即只有在光下才能产生除草作用，而间位取代的品种，不论在光下或暗中均产生除草活性。目前施用的品种都是邻位及对位取代的品种，均属于光活化除草剂。

作物药害多为局部药害，随着植物生长易于恢复。土壤温度、水分适宜的条件下施药效果好。大多数二苯醚类除草剂品种在土壤中的持效期都比较短，基本上不存在残留毒性与污染问题。

1. 杀草特性与毒理

除草醚、草枯醚和三氟醚等邻位取代二苯醚类除草剂抑制氧化磷酸化与光合磷酸化，进而抑制 ATP 的形成；二苯醚类除草剂在照光条件下形成单态氧和脂类过氧化，造成细胞膜丧失完整性，导致细胞死亡。

2. 选择性

二苯醚类除草剂的选择性与植物对药剂的吸收、传导、代谢速度以及在植物体内的轭合程度有关。甲酸醚在敏感植物苘麻体内的吸收和传导数量比耐药性植物大豆与玉米高，这是其选择性的原因之一；在植物体内降解速度的快慢是二苯醚类除草剂选择性的另一重要原因。三氟醚在耐药性植物花生体内降解迅速，而在敏感性植物黄瓜体内降解缓慢。

此类化合物为低毒除草剂；在试验剂量内对动物未见三致作用；在三代繁殖试验和迟发性神经毒性试验中未见异常；对鱼类及某些水生生物高毒，对鸟类及蜜蜂低毒。

(三)产品介绍

1. 乙氧氟草醚

(1)通用名称 乙氧氟草醚

(2)商品名称 果尔

(3)加工剂型 24%乳油、0.5%颗粒剂、24%粉剂。

(4)适用范围 水稻、麦类、棉花、大蒜、洋葱、幼林抚育、芸薹属、辣根、观赏植物、油菜、薄荷、洋葱、小浆果、坚果果树、落叶果树,以及果园。

(5)防治对象 能防除多种阔叶杂草、莎草科杂草和多种禾本科杂草。稻田可防除水蕹、异型莎草、碎米莎草、稗草、牛毛毡、青萍、千金子、益母草、陌上菜、丁香蓼、四叶萍、眼子菜、节节菜、瓜皮草、萤蔺、水绵等30多种杂草。

2. 乙羧氟草醚

(1)通用名称 乙羧氟草醚

(2)商品名称 快割

(3)加工剂型 5%乳油、10%乳油、20%乳油。

(4)适用范围 小麦、大麦、花生、大豆、水稻。

(5)防治对象 苍耳属、马齿苋、反枝苋、藜、小藜、龙葵、酸模叶蓼、柳叶刺蓼、苘麻、鸭跖草等阔叶杂草。

(四)应用

主要防治一年生与种子繁殖的多年生杂草幼芽,而且防治阔叶杂草的效果优于禾本科杂草。但是由于品种不同,其防治对象有较大差异。乙氧氟草醚作土壤处理剂,可防除一年生阔叶草和禾草,而三氟羧草醚、氟磺胺草醚可作茎叶处理剂,对阔叶草有效,防治禾本科杂草的效果较差。氟磺胺草醚是现有二苯醚类除草剂中杀草谱较广的品种,可防除一年生阔叶杂草及低龄禾本科杂草,而且进行土壤处理时,持效期也最长。

氟磺胺草醚、三氟羧草醚、乙羧氟草醚在大豆3片复叶以前,阔叶杂草2~4叶期,株高5~10 cm时使用。施药过晚,易加重大豆药害,但一周后药害可以恢复。可以和烯禾啶、精吡氟禾草灵、精喹禾灵、烯草酮、高效氟吡甲禾灵等混用,以兼治禾本科杂草,在混用中加入植物油或液态氮肥,可降低用药量,提高药效,减轻药害。

六、取代脲类

1951年杜邦公司开发了第一个脲类除草剂灭草隆,现有取代脲类除草剂产品有绿麦隆、异丙隆、沙扑隆、敌草隆,此类除草剂在推广化学除草中起了重要的作用。

(一)理化特性

取代脲类除草剂水溶性差,在土壤中易被土壤胶粒吸附,而不易淋溶。此类除草剂易被植物的根吸收,茎、叶吸收少。因此,药剂须到达杂草的根层,才能杀灭杂草。

(二)作用特性

取代脲类除草剂抑制光合作用。植物吸收后随蒸腾流从根传导到叶片,并在叶片中积累,不随同化物从叶片往外传导。作物和杂草间吸收、传导和降解取代脲类除草剂能力的差异是这类除草剂选择性的原因之一，但作物和杂草根部的位差，也是这类除草剂选择性的一个重要方面。

取代脲类除草剂在土壤中残留期长，在正常用量下可达几个月，甚至一年多，对后茬敏感作物可能造成药害。在土壤中主要由微生物降解。

此类除草剂对人、畜低毒，慢性毒性试验未发现有致癌、致畸及致突变作用。对鱼类、蜜蜂低毒。

（三）应用

大多数取代脲类除草剂主要用作苗前土壤处理剂，防除一年生禾本科杂草和阔叶杂草，对阔叶杂草的活性高于对禾本科杂草的活性。敌草隆、绿麦隆在土壤湿度大的条件下，苗后早期也有一定的效果。异丙隆则可作为苗前和苗后处理剂，在杂草2～5叶期施用仍有效。莎扑隆主要用来防除一年生和多年生莎草，对其他杂草活性极低。敌草隆可防治眼子菜。

取代脲类除草剂的除草效果与土壤墒情关系极大。在土壤干燥时施用，除草效果不好。另外，在沙质土壤田慎用，以免发生药害。

七、磺酰脲类

磺酰脲类除草剂品种的开发始于20世纪70年代末期。1978年绿磺隆以极低用量进行苗前土壤处理或苗后茎叶处理，有效防治了麦类与亚麻田大多数杂草。紧接着开发出甲磺隆，甲嘧磺隆、氯嘧磺隆、苯磺隆、噻吩磺隆、苄嘧磺隆等一系列品种。此类除草剂发展极快，已在各种作物地使用。

（一）理化特性

磺酰脲类除草剂为弱酸性化合物，大多为白色结晶固体，熔点在141～188℃之间。在水中的溶解度随pH的升高而加大。部分易溶于二氯甲烷、乙腈、丙酮、甲醇等有机溶剂中，不易被光解。

此类除草剂在土壤中主要通过酸催化的水解作用而消失。在土壤中的淋溶与降解速度受土壤pH影响较大。淋溶性随着土壤pH的增加而增加；在酸性土壤中，降解速度快，在碱性土壤中降解速度慢。磺酰脲类除草剂的活性极高，用量特别低，每公顷的施用量只需几克到几十克，被称为超高效化学除草剂。

（二）作用特性

磺酰脲类除草剂易被植物的根、叶吸收，在木质部和韧皮部传导，药效发挥缓慢，3～5 d后叶片失绿，褪色，叶片增厚，植株生长严重受抑制，接着生长点枯死，最终植株干枯死亡，杂草完全死亡则很慢，需要1～3周。磺酰脲类除草剂对杂草和作物选择性主要是由于降解代谢的差异。

此类除草剂对人、畜低毒，慢性毒性试验未发现有致癌、致畸及致突变作用。它对人、哺乳动物、鸟类和蜜蜂的毒性很低，对鱼类及水生生物低毒。

(三)产品介绍

1. 苄嘧磺隆

(1)通用名称　苄嘧磺隆。

(2)商品名称　农得时、威农

(3)加工剂型　10％、30％、35％农得时可湿性粉剂。

(4)适用范围　水稻田。

(5)防治对象　防除雨久花、野慈姑、慈姑、矮慈姑、泽泻、眼子菜、节节菜、窄叶泽泻、陌上菜、日照飘拂草、牛毛毡、花蔺、萤蔺、异型莎草、水莎草、碎米莎草、小茨藻、田叶萍、茨藻、水马齿、三尊沟繁等杂草。对稗草、稻李氏禾、扁秆藨草、日本蔗草、藨草等有抑制作用。

2. 吡嘧磺隆。

(1)通用名称　吡嘧磺隆。

(2)商品名称　灭克星、草克星

(3)加工剂型　7.5％、10％、20％可湿性粉剂。

(4)适用范围　水稻直播田、移栽田、抛秧田。

(5)防治对象　稗草、稻李氏禾、牛毛毡、水莎草、异型莎草、鸭舌草、雨久花、泽泻、矮慈姑、野慈姑、眼子菜、萤蔺、浮萍、狼把草、浮生水马齿、节节菜、水芹等杂草。除上述杂草外，北方两次施药对防治扁秆藨草、日本藨草、三江藨草、藨草有较好的药效。

(四)应用

此类除草剂防除杂草谱广，能防治大多数阔叶杂草，包括抗激素类除草剂的杂草，对禾本科草也有明显抑制作用。对许多一年生或多年生阔叶杂草、禾本科杂草和莎草杂草，尤其是阔叶杂草有特效。大部分磺酰脲类除草剂，如甲磺隆、绿磺隆、甲嘧磺隆、苄嘧磺隆、氯嘧磺隆、胺苯磺隆、烟嘧磺隆既能作苗前处理剂，也能作苗后处理剂；部分磺酰脲类除草剂，如苯磺隆、噻吩磺隆只能作茎叶处理剂。

大部分磺酰脲类除草剂的选择性强，对当季作物安全。但是，氯嘧磺隆对大豆的安全性不太好，在施用后，气温低于 12°C 或遇高于 30°C，可能出现药害。另外，施药后多雨，在低洼的地块也易出现药害。

八、三氮苯类

1952 年合成了第一个三氮苯类除草剂莠去津，1957 年商品化。目前三氮苯类除草剂主要有西玛净、莠去津、西草净、扑草净、锈灭净、氰草净、嗪草酮等。此类除草剂发展迅速，目前已成为化学除草剂中重要的一种类型，其中莠去津的产量最大，是玉米田最重要的化学除草剂之一。

三氮苯类除草剂具有杀草谱广，适用范围大，选择性强等特点。目前开发的这类除草剂绝大多数是均三氮苯类，较重要的非均三氮苯类仅有嗪草酮一种。

(一)生物活性

此类除草剂杀草谱广，防治大多数一年生阔叶与禾本科杂草，对阔叶杂草的防效优于禾本科杂草。主要是根系吸收，通过蒸腾流向地上部传导，叶片吸收差，特别是 2-氯三氮苯类各种除莠去津以外,叶片均不吸收,因而都是土壤处理剂。施于土壤中后,迅速被土壤胶体吸附,停留于表土层而不易淋溶。在土壤中通过化学水解与微生物降解而消失。

作为土壤处理剂,土壤特性对其除草效果有很大影响。三氮苯类除草剂在土壤中的持效期较长,不同类型品种由于结构的差异,造成持效期显著不同。2-甲氧基三氮苯的持效期比2-氯三氮苯和2-甲硫基三氮苯长。2-氯三氮苯在土壤中的持效期依次是西玛津长于莠去津、长于抑草津、长于可乐津。在农业生产中玉米、高粱等作物应用西玛津与莠去津后,由于其残留时间可达一年以上,应正确安排后茬作物,否则,会对后茬敏感作物产生影响。

此类除草剂的大部分品种属低毒除草剂,少数品种为中等毒性除草剂;部分品种在致畸、致突变和致癌试验中为阴性,多数在试验剂量内对动物无三致作用。对鱼类低毒。

(二)作用特性

三氮苯类除草剂干扰希尔反应中氧释放时的能量传递,进而影响 NADP 的还原作用和 ATP 的形成。叶绿素可能是植物体内三氮苯类除草剂发生致毒作用的主要色素。毒性程度随光强而加重。

虽然三氮类除草剂强烈抑制光合作用,但叶绿素本身并不能决定其选择性。位差选择性与除草剂本身的物理化学特性,特别是水溶性、土壤吸附作用及其在土壤中的移动性和作物生育习性等有关。如氯三氮苯品种的水溶性低,在土壤中不易向下移动,因此,利用这种选择性,可以应用于多种作物。

不同植物的耐药性,主要决定于药剂在其体内的降解速度。如用西玛津处理玉米和小麦后,发现玉米根系吸收西玛津大部分被分解;敏感性作物小麦则无此种分解作用。

(三)应用

三氮苯类除草剂的应用范围相当广泛,它们不仅被用于作物、果树及蔬菜,而且有些品种作为灭生性除草剂还用来防除工矿地区及公路与铁路旁的杂草。特别是抗性强的玉米、黍、甘蔗及其他果树田中。同时,棉花、豌豆、向日葵、马铃薯、胡萝卜、高粱等对一些品种也具有较强的抗性。三氮苯类除草剂主要防治一年生杂草及种子繁殖的多年生杂草,在一年生杂草中,它们防治阔叶杂草的效果又优于禾本科杂草;甲氧基均三氮苯品种的水溶度高,植物的根与叶均能吸收,在土壤中易于淋溶,能有效地防治一些多年生杂草。

此类除草剂可用于作物播种后杂草出苗前进行土壤封闭处理,也可以在作物出苗后进行茎、叶喷雾处理。可与其他除草剂进行混用或制成混剂,如莠去津与乙草胺、异丙草胺、异丙甲草胺等酰胺类除草剂混用广泛用于玉米田除草,还可与2.4-D丁酯等混用。

九、二硝基苯胺类

二硝基苯胺的植物毒性是在1955年被发现的。1960年开发的氟乐灵一直成为世界上主要的化学除草剂之一,除此以外还有安磺灵、地乐胺、二甲戊灵等,它们不但应用于大豆、棉花、花生、玉米等大田作物,而且能够应用到经济作物和蔬菜作物。

(一)理化性质

二硝基苯胺类除草剂多为橙红色固体,常温下难溶于水,易溶于甲苯、二甲苯、丙酮、乙醇和异丙醇等有机溶剂，微有挥发性。这类除草剂对光解非常敏感，不同品种挥发强弱不同，其中氟乐灵、乙丁氟乐灵等挥发性最强，仲丁灵、二甲戊灵等挥发性中等，而磺乐灵挥发性小，其挥发性与土壤湿度密切相关，湿度高，挥发强。

(二)作用特性

二硝基苯胺类除草剂在作物播种前或出苗前进行土壤处理防止杂草出苗。主要抑制次生根的生长，同时对幼芽也产生抑制作用，抑制单子叶植物的效果比双子叶植物好。此类除草剂除草效果稳定，因而在干旱条件下，仍能有较好的除草作用。其水溶度低，施于土壤后被土壤胶体吸附，不易移动；多次重复应用时，在土壤中不积累。大多数品种在土壤中的半衰期为2～3个月，正确使用时不伤害轮作中后茬作物。

二硝基苯胺类除草剂选择性主要有3个方面；一是利用作物和杂草根系不同和位差选择性，如氟乐灵在土壤中并不抑制种子发芽，而是在种子产生幼根和幼芽的过程中，特别是幼芽通过土壤药层而起作用；二是利用作物和杂草吸收除草剂浓度的差异，如耐药性植物大豆吸收单位数量氟乐灵时比敏感植物小麦能吸收更多的水分，因此，使耐药性植物体内难以达到产生药害的浓度；三是植物种子内类脂物含量和幼芽抗药性之间存在明显的相关性，种子中类脂物含量高，长出的幼芽耐药性就强。

(三)应用

1.防治对象

二硝基苯胺类除草剂主要防除稗、狗尾草、看麦娘等一年生禾本科杂草，对藜、苋、繁缕、地肤等小粒种子阔叶杂草也有一定抑制作用，对多年生杂草、菊科、十字花科、伞形花科、鸭跖草科、茄科、莎草科杂草无效。

2.适用作物

此类除草剂应用于豆科植物、棉花、向日葵、亚麻以及十字花科作物，其中氟乐灵的使用时期最久，应用范围最广，是大豆与棉花的主要除草剂，药剂应用时要求耙地拌土，需要药剂混入土壤中使之减少挥发和光分解，以保证发挥药效。二甲戊灵要求耙地拌土的时期不太严格，延迟拌土对药效无显著影响，故可在播种前、出苗前及出苗后应用，也可在秋后应用，用于水稻插秧田及玉米田、棉田除草是其重要特点。

十、有机磷类

有机磷类除草剂在20世纪70年代开发的品种较多。如草甘膦、双丙氨膦、草铵膦、胺草磷、哌草磷、砜草磷、莎稗磷、草丁膦、抑草磷等。在有机磷除草剂中，以草甘膦与双丙氨膦最为突出，它们以高效、广谱、低毒、易分解、对环境安全等特点引人注目，作为果园、胶园、非农田及少耕与免耕法中重要除草剂而广泛应用。

(一)生物活性

有机磷除草剂由于品种不同，植物吸收药剂的部位及传导差异较大，如砜草磷通过根吸收，哌草磷通过根、胚芽鞘及幼叶吸收，二者传导作用都很差；胺草磷与甲基胺草磷通过幼芽、幼根与分蘖节吸收；草甘膦与双丙氨膦通过茎、叶吸收，是此类除草剂中吸收与传导最迅速的品种。作用部位是植物分生组织，主要抑制细胞分裂，使生长停止，产生黄化、萎凋、干枯等症状。草甘膦的活性比其盐类低，为了提高活性，扩大杀草谱，加快杀草作用以及增加土壤残留活性，草甘膦可与2,4-D、麦草畏、氨氯吡啶酸、甲草胺、甲嘧磺隆、嘧草烟酸、氰草津、西玛津、莠去津、咪唑乙烟酸等混用。

(二)作用特性

有机磷除草剂的作用机理因品种不同而异，草甘膦使光合作用下降，叶绿素降解，抑制植物激素传导，促进激素氧化作用等。其可使植物失绿和黄化，生长停滞与矮化，降低顶端优势；双丙氨膦与草胺膦抑制植物体内氨基酸生物合成，进而影响光合作用，造成细胞及植株死亡，双丙氨膦及草铵膦的杀草作用比草甘膦迅速。

有机磷类除草剂属于低毒、高效、低残留除草剂，对蚯蚓、土壤细菌及其有益真菌有毒害作用。对蜜蜂和鸟类无害，对天敌和有益生物较安全。

(三)应用

有机磷除草剂的选择性较差，杀草谱广，多数品种系灭生性除草剂，主要用于果园，林业及非农田除草。草甘膦、双丙氨膦、草铵膦等既可防治一年生杂草，也能防治多年生杂草。有机磷除草剂分为土壤处理剂与茎叶处理剂，前者在作物播种后，出苗前应用，后者在大多数杂草出苗后应用。

土壤处理剂的活性与持效期决定于土壤特性，如哌草磷用于稻田后，其药效与吸水量和磷酸盐吸附系数显著相关。茎、叶处理剂品种，如草甘膦的药效受制于多种因素的作用，高浓度，小雾滴、溶液pH偏酸、加入硫酸铵与亲水非离子型或阳离子型表面活性剂均能显著提高草甘膦的活性。

十一、芳氧苯氧丙酸酯类

芳氧苯氧丙酸酯类化合物是一类重要的防除禾本科杂草的高活性除草剂，是在2，4-D的基础上，通过进一步优化发现的。主要的产品有禾草灵、吡氟禾草灵、吡氟氯草灵、高效吡氟氯草灵、喹禾灵、精喹禾灵、精喹唑禾草灵、精吡氟禾草灵、氰氟草酯等。

(一)理化性质

此类除草剂的原药纯品一般为米色、浅灰色、棕色至褐色晶体。制剂外观一般为米色水剂和棕色油状液体，熔点一般为50～85℃，在水中溶解度较小，一般为0.4 ml/L。

水解为酸是芳氧苯氧丙酸酯类除草剂在土壤中分解的共同特性，在风干土中水解作用极为缓慢，而在湿润和未灭菌土壤中水解迅速，微生物参与此类除草剂的降解。

(二)作用特性

此类除草剂各品种都是通过茎、叶处理防治禾本科杂草。叶片吸收后，酯类水解为酸，这是一种活性转变过程，不论酯或酸均具有除草活性。各种双子叶作物对此类除草剂各品种均具有高度耐药性。此类除草剂受温度和土壤墒情影响很大，气温低、土壤墒情差，除草效果不好，气温高、土壤墒情好、杂草生长旺盛时施药，除草效果好。

芳氧苯氧丙酸类除草剂主要抑制植物生长，使脂肪酸合成停止，细胞结构破坏，细胞的生长分裂不能正常进行，最后导致植物死亡。

此类除草剂的选择性在于药剂在植物体内的水解及其后的降解作用速度。如在敏感性植物燕麦草内，禾草灵酸轭合为一种中性葡萄糖酯。而在小麦体内，禾草灵酸的芳基羟基化作用是不可逆反应，但在燕麦草内则不存在此种反应，说明禾草灵甲酯在耐药性植物体内降解迅速。

(三)应用

主要用于各种双子叶作物，特别是大豆、棉花、甜菜、马铃薯、花生、豌豆、亚麻、油菜、阔叶蔬菜等作物及果树、林业苗圃、苜蓿等进行茎叶处理，防治一年生或多年生的禾本科杂草。有些品种也可以用在禾本科作物上，氰氟草酯主要用于稻田防除重要的禾木科杂草，不仅对各种稗草，包括大龄稗草高效，还可防除千金子、马唐、双穗雀稗、狗尾草、狼尾草、牛筋草、看麦娘等，但对莎草科杂草和阔叶杂草无效。禾草灵除用于各种阔叶作物以外，还可安全用于小麦与大麦田防治野燕麦及其他禾本科杂草。另外，高噁唑禾草灵用于阔叶作物田防除禾本科杂草，但与安全剂解草唑、解草酯混用则可用于小麦田防除看麦娘、野燕麦等。

十二、咪唑啉酮类

咪唑啉酮类除草剂是20世纪80年代初投放市场的一类高活性、广谱、低毒的化学除草剂。主要产品有咪唑乙烟酸、甲咪唑烟酸、甲氧咪草烟等，在我国使用的主要是咪唑乙烟酸。咪唑乙烟酸是一种用于大豆田的超高效、广谱、内吸除草剂，对一年生禾本科杂草和阔叶杂草有很好的防除效果，但它在土壤中残留时间较长，在偏碱性条件下降解较慢，易对后茬敏感作物造成药害。

(一)生物活性

此类除草剂可在大豆苗前、播后苗前土壤处理，或苗后早期茎叶处理。咪唑啉酮类除草剂可被植物的叶片和根系吸收，在木质部和韧皮部内传导，积累于分生组织。茎叶处理后，杂草立即停止生长，并在2～4周内死亡；土壤处理后，杂草顶端分生组织坏死，生长停止。

(二)作用特性

其作用机制主要是抑制乙酰乳酸合成酶，从而抑制支链氨基酸-缬氨酸、亮氨酸和异亮氨酸生物合成，进而影响蛋白质合成及植物生长，从而导致植物生长停止而死亡。

咪唑啉酮类除草剂选择性的主要原因是耐性植物吸收后迅速代谢失活。如咪草酯处理小麦与麦田杂草，可以发现小麦与敏感杂草的体内代谢有明显的差异。杂草如野燕麦可将酯基迅速水解为有植物毒性的酸，小麦水解的趋势弱。豆科植物吸收咪唑乙烟酸后，在体内很快分解，在大豆体内的半衰期仅1～6 d。咪唑乙烟酸药效主要受水分影响。播后苗前或播前土壤处理受风和干旱影响而降低药效，对禾本科杂草的药效影响大于阔叶杂草。在干旱条件下土壤处理，对禾本科杂草药效差。

此类除草剂属于低毒除草剂。

(三)应用

主要防治一年生与多年生阔叶及禾本科杂草,对多年生刺儿菜、蓟、苣荬菜有抑制作用。主要适用于东北单季大豆地区使用,咪唑乙烟酸在土壤中的降解受 pH、温度、水分等条件影响,随 pH 增加降解加快,在北方高寒地区降解缓慢。因此,使用后次年不宜种植敏感作物,如水稻、甜菜、油菜、棉花、马铃薯、蔬菜等。

利用残留期较短的甲氧咪草烟与咪唑乙烟酸混配可减轻残留药害。另外,通过使用一些解毒剂来增强作物的代谢功能,也可减轻这类除草剂的药害。

十三、磺酰胺类

磺酰胺是磺酰脲类除草剂合成中的重要中间体。磺酰胺类除草剂现有 6 个品种,均为旱田除草剂,包括唑嘧磺草胺、甲氧磺草胺、氯酯磺草胺、双氯磺草胺、双氟磺草胺和五氟磺草胺。唑嘧磺草胺对大豆、玉米、小麦、大麦、豌豆、苜蓿、三叶草等安全,虽其残效期较长,但对后茬作物无不良影响。

(一)主要性质

此类除草剂是弱酸性化合物,在土壤中以微生物降解而消失,在大多数土壤中化合物既有中性态,也有阴离子态;在高 pH 土壤中,阴离子态比例较大,降解迅速;随着 pH 下降,中性态增多,被吸附量相应增加,降解缓慢,残留期延长。

(二)作用特性

磺酰胺类除草剂是内吸传导性除草剂,既可以作为苗前土壤处理剂,也可以作为苗后茎、叶处理。其作用机制与磺酰脲类除草剂类似,由杂草的根系和叶片吸收,木质部和韧皮部传导,在植物体内积累抑制乙酰乳酸合成酶。磺酰胺类系长残留性除草剂,在土壤中主要通过微生物降解而消失,对大多数后茬作物安全。

(三)应用

此类除草剂适用作物较广,常用于大豆、水稻、玉米、小麦、大麦、黑麦、冬小麦、豌豆、苜蓿、三叶草等作物地,主要防治一年生的阔叶杂草。土壤处理时土壤质地疏松、有机质含量低、土壤水分好时用量要低;反之,用量要高。低温、高湿时对作物安全性低。茎叶处理时应选择晴天、高温时施药;播后苗前土表处理时,如果土壤干旱需要进行药后浅混土处理。

十四、嘧啶水杨酸类

嘧啶水杨酸类除草剂也称嘧啶氧(硫)苯甲酸类除草剂,是一种新型乙酰乳酸合成酶抑制剂,可以防除水稻田和旱作地杂草。产品包括嘧草硫醚、嘧草醚、双草醚、环酯草醚、嘧啶肟草醚。

嘧啶水杨酸类除草剂可进行苗前和苗后处理,主要通过植物的根吸收,向幼芽与叶片传导,少数品种通过茎、叶吸收,多为土壤处理,从而使敏感杂草停止生长,随后褪绿、枯萎直至坏死。其作用机理是抑制植物乙酰乳酸合成酶,破坏侧链氨基酸的生物合成及类胡萝卜素的生物合成。

嘧啶水杨酸类除草剂主要防除一年生、多年生禾本科杂草和大多数阔叶杂草；主要用于棉田、水稻、小麦、玉米和大豆等，并且苗前土壤处理和苗后茎叶处理均可。

嘧啶水杨酸类除草剂大部分品种主要用于防除水稻田多种禾本科杂草和阔叶杂草，用量为 15～50 g/hm^2，嘧草醚可以防除高龄稗草。既能用于移栽稻田，也可用于水稻直播田。嘧啶肟草醚对恶性杂草双穗雀稗和稻李氏禾有很好的防除效果。

十五、环己烯酮类

环己烯酮类除草剂是一类具有选择性的内吸传导型茎叶处理剂，产品包括烯禾啶、噻草酮、三甲苯草酮、烯草酮、醌肟草酮等，在我国登记的有烯禾啶、烯草酮。

(一)理化性质

环己烯酮类除草剂对紫外线稳定，几乎可以与所有农药混用，室温下可贮存 2 年左右。该类除草剂品种均为苗后处理剂，能被叶片吸收，属于内吸传导性除草剂，对禾本科杂草具有很强的杀伤作用，对双子叶作物安全。在土壤中的半衰期很短。虽然此类除草剂进行苗后茎叶喷雾，但喷药当时及喷药后，也要求土壤有充足的水分，以利于药效的发挥；土壤严重干旱会降低除草剂的除草效果。

(二)作用特性

环己烯酮类除草剂具有良好的选择性。禾本科杂草中毒后，乙酰辅酶 A 羧化酶受到抑制，叶片黄化，停止生长，几天后，茎尖、叶和根分生组织相继坏死，植株死亡。

环己烯酮类除草剂在阔叶作物和禾本科杂草之间的选择性，是由于阔叶作物降解此类除草剂能力强，以及其体内的乙酰辅酶 A 羧化酶对该类除草剂不敏感。此类除草剂与一些防除阔叶杂草的除草剂，如溴苯腈与灭草松等混用易产生拮抗作用，导致对禾本科杂草的防除效果明显降低。

环己烯酮类除草剂属于低毒除草剂，在常用剂量下对蜜蜂低毒，对试验动物无致畸、致癌和致突变的作用。

(三)应用

此类除草剂除环苯草酮为水田除草剂外，其他均为旱田除草剂。用于双子叶作物在出苗后进行茎叶喷雾处理，防除一年生或多年生禾本科杂草，一般用药时期在禾本科杂草 2～5 叶期使用。土壤湿度大，杂草幼嫩时喷药，除草效果好；表面活性剂、硫酸铵、植物油、矿物油均能提高此类除草剂的活性。

十六、嘧啶类

1961 年杜邦公司发现嘧啶类除草剂，主要产品包括除草啶、环草啶、杀草啶、嘧草喃、醇草啶、灭草松等。

(一)理化性质

嘧啶类除草剂不易挥发，也不易光解，施于土壤后被土壤胶体吸附，在土壤中吸附作用差，易淋溶；除草效果受土壤含水量影响大，持效期较长，高剂量的持效期达 1 年以上。

嘧啶类除草剂施于土壤后通过土壤微生物进行降解；在植物体内通过烷基侧链氧化，形成羟基化轭合物而丧失活性。

(二)作用特性

该类除草剂主要通过植物的根和茎叶吸收，因此既可以进行土壤处理，同时也可进行茎叶处理。嘧啶类除草剂被植物吸收后，通过抑制光合作用而抑制幼芽生长，导致凋萎、植株死亡。主要防治杂草幼芽，对多年生杂草作用缓慢；灭草松可防治阔叶杂草。灭草松在土壤中及抗性作物体内迅速分解。

嘧啶类除草剂都属于低毒化学除草剂。三代繁殖试验未见致畸、致癌、致突变作用。

(三)应用

该除草剂应用于水稻、大豆、花生、禾谷类等作物，防除莎草科和阔叶杂草。可用于土壤处理或茎叶处理，防治杂草的幼芽和幼苗。

十七、吡啶类

1963 年 Hamaker 等合成了毒莠定，从而开发了吡啶类除草剂。其后相继发现了一些新的品种，如氯草定、绿草定、乙氯草定、卤草定，敌草定、四氯草定、氯氟吡氧乙酸等。

(一)理化特性

吡啶类除草剂由植物叶片、根吸收，通过木质部向芽迅速传导，不易代谢，吡啶类除草剂还具有植物激素的作用，对植物的杀伤能力强，活性高，单位面积用药量较少。

(二)作用特点

该类除草剂导致植物偏上性生长、木质部导管堵塞并变棕色、枯萎、脱叶、坏死，最终植株死亡。吡啶类除草剂对作物的选择性不强，不同植物的敏感性差异在于对药剂的吸收、传导及生物化学反应不同。有机质含量高是毒莠定在土壤中保持毒性水平的必要条件，而黏粒含量有助于将其保持在土壤表层。

吡啶类除草剂都属于低毒除草剂，对鱼和水生动物低毒。

(三)应用

主要应用于禾本科植物、林业，荒地进行除草，防治大多数一年生与多年生阔叶杂草及灌木。乙氯草定与敌草定主要防治牧草及草场阔叶杂草，灌木与木本植物每公顷用量 0.42～10 kg，进行茎、叶处理，茎基部处理，茎注射等。每公顷 0.5 kg 用量可防治禾谷类作物田抗 2.4-D 杂草。氯氟吡氧乙酸多用于小麦与大麦防治猪殃殃、荠菜等阔叶杂草。

十八、腈类

1967 年发现腈类除草剂的活性基团，开发敌草腈除草剂。多年来，相继开发出溴苯腈、碘苯腈，其抑制植物光合作用与呼吸作用，是氧化磷酸化解偶联剂，主要防治阔叶杂草。

(一)作用特点

敌草腈是土壤处理剂,根吸收向茎、叶传导,抑制细胞分裂与蛋白质合成,碘苯腈与溴苯腈系触杀性茎、叶处理剂,抑制植物的光合作用、呼吸作用和蛋白质合成,在气温比较高、光照强的条件下,除草剂的活性增加,加速叶片的枯死。

腈类除草剂的选择活性主要是由抗性植物与敏感植物之间形态上的差异,如阔叶杂草叶片平展,能粘着较多的药液,且生长点暴露在嫩枝顶端,可直接受到药剂的侵袭;禾本科植物叶片狭长且直立,生长点被几层叶片包围不易受害。此外,两者在吸收和降解该除草剂能力上也存在差异,敏感植物吸收快而降解能力很小,因而受害。敌草腈是土壤处理剂,在土壤中不易移动,半衰期约 6 个月。

(二)应用

敌草腈在水稻插秧后 7～10 d 施用,用量 0.75～1 kg/hm^2,可防治稗草、牛毛草等,用于小麦、棉花等作物出苗前处理。

碘苯腈与溴苯腈系触杀性茎叶处理剂,二者在小麦、大麦、玉米、水稻等作物田防除阔叶草,一般在禾本科作物 3～5 叶期间应用,可与二甲四氯,异丙隆等混用。

十九、N-苯基肽亚胺类

N-苯基肽亚胺类是 20 世纪 80 年代开发的新型化学除草剂,其除草活性高,用量极低,产品有氟烯草酸(利收)、丙炔氟草胺(速收)。

(一)理化性质

丙炔氟草胺为土壤处理除草剂,其持效期受挥发、光解、化学和微生物降解、淋溶以及土壤吸附等因素影响,主要通过微生物降解。

(二)作用特点

N-苯基肽亚胺类是触杀型选择性除草剂,通过植物幼芽或叶片吸收,叶片吸收不向下传导。N-苯基肽亚胺类除草剂抑制叶绿素的合成,造成敏感杂草迅速凋萎、白化、坏死及枯死。丙炔氟草胺在拱土期施药或播后苗前施药不混土,大豆幼苗期遇到暴雨会造成药害,短时间内可恢复正常生长,有时药害表现明显,但对产量影响很小。

(三)应用

氟烯草酸主要用在大豆和玉米地,防除阔叶杂草。丙炔氟草胺用在大豆和花生地,防除阔叶杂草。主要防除如柳叶刺蓼、酸膜叶蓼,节蓼、扁蓄,龙葵,反枝苋、藜、小藜、苍耳、荠菜、鸭跖草等,防治效果很好。对一年生的禾本科稗草、狗尾草及多年生的苣荬菜、刺儿菜和大蓟有一定的抑制作用。

氟烯草酸主要用在大豆和玉米地,大豆苗后 2～3 片复叶期,阔叶杂草 2～4 叶期,最好在大豆 2 片复叶期,大多数杂草出齐时施药,每公顷用 10%氟烯草酸乳油 450～680 mL。在土壤水分、空气相对湿度适宜时施药,有利于杂草对氟烯草酸的吸收和传导,长期干旱,空气相对湿度低于65%时不宜施药。

丙炔氟草胺用在大豆和花生地,大豆播前或播后苗前施药。播后用药最好在播种后随即施药,施药过晚会影响药效,在低温条件下,大豆拱土期施药对大豆幼苗有抑制作用。丙炔氟草胺可以与乙草胺、异丙甲草胺、氟乐灵等除草剂混用。

二十、三酮类

20世纪70年代中期,从桃金娘科植物中分离出了一种挥发性油类植物毒素纤精酮,该物质对若干阔叶与禾本科杂草具有中等除草活性,导致杂草产生白化症状。继而开发了磺草酮、甲基磺草酮。

(一)作用特性

三酮类除草剂通过植物根系与叶片吸收,在植株内进行传导,特别是通过根吸收时具有一定的土壤残留活性。因此,对防除一些杂草更为有利。三酮类除草剂影响叶绿素与类胡萝卜素含量,致使植株产生白化症状;干扰质体醌的生物合成,造成植物分生组织内质体醌的消失而丧失活性,从而产生选择性。

三酮类除草剂在土壤中的吸附与有机质含量高度相关,黏粒土及其他土壤因素对土壤中的吸附相关性小;在土壤中主要通过微生物降解而消失,残留时期较短,如在pH为5.5～6.0的沙壤土中,半衰期约58 d;有机质含量高的土壤滞留期长;在正常轮作条件下,后茬作物如冬小麦、冬大麦、冬油菜、马铃薯、甜菜、豌豆、菜豆等均未产生受害现象。

磺草酮和甲基磺草酮喷施于土壤后,既不挥发,也不易光解,在使用时应防止邻近作物受害。

(二)应用

磺草酮和甲基磺草酮用于玉米、甘蔗及冬小麦田,防除一年生阔叶杂草及部分禾本科杂草,对多年生杂草的防除效果差;苗前土表处理或苗后茎、叶喷雾用量为250～1 000 g/hm^2;在不良的生长条件下,玉米叶片有时也会出现失绿现象,但随着生长而迅速恢复正常,不影响产量。

在玉米4～6叶期喷雾,可与莠去津混用;芽前处理时,可与甲草胺、乙草胺、异丙草胺、异丙甲草胺等混用。

二十一、吡唑类

1980年日本三共公司首先开发出防除稻田稗草及若干莎草科杂草的吡唑特。此后吡唑类除草剂开始发展,出现了许多高活性化合物与品种,如吡草胺、吡草酮、苄草唑。

吡草胺通过阻止蛋白质合成来抑制细胞分裂,具有内吸性,通过胚轴和根吸收,抑制发芽。吡唑特遇水分解后,生成活性物质被杂草幼芽及根部吸收,抑制杂草叶绿素的生物合成。

吡唑特对水稻非常安全,是直播田优良的除草剂,可与许多除草剂混配,具有增效作用。苗前和苗后早期防除一年生禾本科杂草、阔叶杂草。

该类除草剂属于低毒类品种,无致畸、致突变、致癌作用。

二十二、其他重要品种

(一)二氯喹啉酸

1.性质和作用特点

二氯喹啉酸为选择性内吸传导型除草剂,具有激素型除草剂的特点,与生长素类物质的作用症状相似,通常主要通过稗草根吸收,也能被发芽的种子吸收,少量通过叶部吸收,在稗草体内传导,水稻根部能将其分解而失活,因而水稻安全。受害杂草嫩叶出现轻微失绿现象,叶片出现纵向条纹并弯曲。

该化合物属于低毒化学除草剂,对人和动物无致畸、致癌、致突变的作用。

2.应用

其应用于水稻直播田和秧田,有效防除稗草,对田菁、雨久花、鸭舌草、水芹等有一定的药效。在水稻插秧田稗草1~7叶期均可使用,但以稗草2.5~3.5叶期最为适宜。

由于秧苗2叶期以前对二氯喹啉酸较为敏感,所以应在秧苗2.5叶期以后施用。保水撒施或排水后保湿喷雾均可以。施药后2~3 d灌水,保持3~5 cm水层5~7 d。

(二)异噁草松

1.性质和作用特点

该除草剂易溶于有机溶剂。常温贮存稳定期1年以上,热贮存(50℃)稳定3个月以上。

异噁草松为选择性苗前内吸传导型除草剂,通常通过植物根、幼芽吸收,向上传导,经木质部扩散到叶部,抑制敏感植物的叶绿素和胡萝卜素的合成。这些敏感植物虽能萌芽出土,但由于没有色素而成白苗,并在短期内死亡。大豆、甘蔗等作物具有选择性,作物吸收后,经过特殊的代谢作用,将异噁草松的有效成分转变成无毒的降解物。

该化合物属于低毒化学除草剂,对人和动物无致畸、致癌、致突变的作用。

2.应用

该除草剂应用于大豆、甘蔗、马铃薯、花生、烟草、水稻、油菜等田地,主要防治稗草、狗尾草、马唐、金狗尾草、牛筋草、龙葵、藜、小藜、苍耳、蓼、鸭舌草等一年生禾本科杂草和阔叶杂草。对多年生的刺儿菜、大蓟、苣荬菜、问荆等有较强的抑制作用。

该除草剂是防治大豆田禾本科与阔叶杂草的广谱除草剂,在大豆田播前、播后苗前土壤处理,或苗后早期茎叶处理。大豆播前应用,为防止干旱和风蚀,施后可浅混土,耙深5~7 cm;大豆播后苗前施药,起垄播种时,如土壤水分少,可以培2 cm左右的土。在大豆苗后早期,异噁草松可与其他除草剂,如烯禾啶、高效氟吡甲禾灵、精吡氟禾草灵、精喹禾灵、三氟羧草醚、氟磺胺草醚、灭草松等混用。施药后应注意药剂的飘移问题,以免给施药以外地区的非目标作物造成药害。另外,异噁草松在土壤中残效期较长,下茬种植小麦等敏感作物易产生药害。

(三)噁草酮

1.性质和作用特点

噁草酮20℃时在水中的溶解度为0.7 mg/L。在正常贮存条件下稳定,无腐蚀性,在碱性溶液中分解。

其是选择性芽前、芽后除草剂,通过杂草幼芽或幼苗与药剂接触、吸收而引起作用;苗后施药,杂草通过地上部分吸收,药剂进入植物体后积累在生长旺盛部位,在光照条件下发挥杀草作用,抑制生长,致使杂草组织腐烂死亡。杂草自萌芽至2～3叶期均对噁草酮敏感,以杂草萌芽期施药效果最好。水田应用后,药液很快在水面扩散,迅速被土壤吸附,向下移动有限,也不会被根部吸收。在土壤中代谢较慢,半衰期为2～6个月。

其是低毒化学除草剂。在实验条件下未见致畸、致癌、致突变作用。对鱼类毒性中等,对鸟类低毒,对蜜蜂低毒。

2.应用

噁草酮主要用于水稻田,也可用于棉花、花生、甘蔗地,防除多种一年生禾本科杂草和阔叶杂草,如稗草,千金子等。

水稻插秧田在整地后趁水浑浊使用,施药时田间水层保持3 cm。也可加水喷雾或制成药土撒施;插秧田中水稻苗弱,苗小或用药量超过常规,水层过深超过秧苗时,易出现药害;用于催芽播种的秧田,必须在播种前2～3 d使用。如随播随用药,对稻谷出苗有严重影响。噁草酮用于水稻苗期处理,秧田一定要平整,对2叶期以上的稗草防除效果差,使用时应掌握好施药适期;旱田使用噁草酮时,土壤湿润是药效发挥的关键。

(四)野燕枯

1.性质作用特点

25℃条件下,其在水中溶解度为76%,微溶于低分子量的醇和二醇类,不溶于石油烃类溶剂。在光照和酸性条件下稳定,在碱性条件下不稳定。热贮存稳定性非常好,在120℃时放置169 h不分解。

2.作用特点

野燕枯为苗后茎叶处理剂,主要用于防除野燕麦。药剂主要由叶舌和叶片基部吸收,大部分向顶端移动,然后作用于生长点,破坏野燕麦顶端和节间分生组织的细胞分裂和伸长,从而使野燕麦停止生长。一般在施药后10 h开始出现中毒症状,叶色变为灰蓝色,叶片厚而脆,有失绿斑点,部分叶片叶尖逐渐向下干枯死亡。有的植株矮生,分蘖增多,茎不能抽出,心叶紧卷成筒状。麦类作物对该除草剂的耐药力较野燕麦强,土壤处理时无效。

其为中等毒性除草剂。在试验剂量内对动物三代繁殖试验和迟发性神经毒性试验中未见异常,对鱼类及其他水生生物低毒,对蜜蜂和鸟类的毒性也很低。

3.应用

适用于小麦、大麦和黑麦地防除野燕麦。在正常剂量下对小麦安全,有时施药后有暂时褪绿受抑制现象,气温高时褪绿受抑制现象会加重,约20 d可恢复正常。较高温度(20～25℃)和较高相对湿度时可使野燕枯加速进入野燕麦体内,发挥除草作用。施药后6 h内降雨会影响药效。

项目六　影响化学除草剂药效的主要因素

化学除草剂的除草效果是其自身的毒力和环境条件综合作用的结果。所以,在田间使用化学除草剂的药效除了受自身的生物活性大小影响外,还受到环境条件和施药技术的影响。

一、化学除草剂剂型和加工质量

同一种化学除草剂不同的剂型对杂草防除效果不尽相同，如莠去津悬浮剂的药效比可湿性粉剂高，原因是悬浮剂中的莠去津有效成分的粒径比在可湿性粉剂中小。加工质量不好，如细度不够，或有沉淀、结块、乳化性能差，直接影响除草剂的均匀施用，从而降低药效。

二、环境因素

（一）生物因素

1. 作物

作物的种类和生长状况对化学除草剂的药效有一定的影响，同一种化学除草剂在竞争力强、长势好的作物田能有效抑制杂草的生长，从而提高除草剂的防效。在竞争力弱、长势差的作物地里，施用化学除草剂后残存的杂草受作物的影响小，很快恢复生长。另外，土壤中杂草种子也可能再次发芽、出苗，造成为害。因此，为了保证化学除草剂的药效，在确定施用量时，需要考虑到作物的种类和长势。

2. 杂草

不同的杂草种类，或同一种杂草不同的叶龄期对某种化学除草剂的敏感程度不同。因此，杂草群落结构、杂草大小对化学除草剂的药效影响极大。另外，杂草的密度对化学除草剂的田间药效也有一定的影响。

3. 土壤微生物

土壤中某些真菌、细菌和放线菌等可能参与化学除草剂降解，从而使化学除草剂的有效生物活性下降。因此，当土壤中分解某种化学除草剂的微生物种群较大时，则应适当增加该化学除草剂用量，以保证其药效。

（二）非生物因子

1. 土壤条件

土壤质地、有机质含量、pH 和墒情等因素直接影响土壤处理除草剂在土壤中吸附、降解速度、移动和分布状态，从而影响化学除草剂的药效。在有机质含量高、黏重的土壤中，化学除草剂吸附量大，活性低，药效下降；土壤 pH 影响一些化学除草剂的离子化作用和土壤胶粒表面的极性，从而影响化学除草剂在土壤中的吸附。同时，土壤 pH 也影响一些化学除草剂的降解，如磺酰脲类除草剂在酸性土壤中降解快，而在碱性土壤中降解慢；土壤墒情差，杂草出苗不齐，不利于化学除草剂药效的发挥。为了保证土壤处理除草剂的药效，在土表干燥时施药，应提高喷液量，或施药后及时浇水。

2. 气候

温度、相对湿度、风、光照、降雨等对化学除草剂药效均有影响。一般来说，高温、高湿有利于化学除草剂药效的发挥；风速主要影响施药时除草剂雾滴的沉降，风速过大，化学除草剂雾滴飘移，杂草整株上的沉降量减少，而使化学除草剂的药效下降；对需光的化学除草剂来说，光照是发挥除草剂药性的必要条件，对易光解的化学除草剂，光照加速其降解，降低其活性；对土壤处理除草剂，施药前后降雨能提高土壤墒情，提高药效，但对茎叶处理除草剂，施药后就下雨会降低药效。

三、施药技术

1. 施药剂量

为了达到经济、安全，有效的目的，化学除草剂的施药量必须根据杂草的种类，大小和发生量来确定，同时还要考虑到作物的耐药性。杂草叶龄高、密度大，应选用高限量，反之，则选用低限量。

2. 施药时间

许多化学除草剂对某种杂草有效是对杂草某一生育期而言的。如酰胺类除草剂对未出苗的一年生禾本科杂草有效，在这些杂草出苗后使用，则防效极差，对大龄杂草则无效。

3. 施药质量

在化学除草剂使用时，施药质量极为重要，施药不均匀，有的地块药量不够，有的地块药量过多，前者除草效果下降，后者可能造成作物药害。

项目七　化学除草剂药害的发生及其补救措施

一、药害发生的原因

化学除草剂对作物的选择性是相对的，只有在一定的条件下，合理使用才对作物安全。在生产中使用化学除草剂，有多种原因可引起作物药害。

1. 误用

误用在生产中时常发生，错把化学除草剂当成杀虫剂使用，或使用的化学除草剂品种不对。

2. 除草剂的质量问题

除草剂中含有其他活性的成分，或加工质量差，出现分层等。由于药液不均匀导致药害。

3. 使用技术不当

在生产中，许多药害是由于使用技术不当造成的。如使用时期不正确、使用剂量过大或施药不均匀等都可能造成作物药害。如 2,4-D 在小麦 4 叶期至拔节期使用很安全，但在小麦三叶期前和拔节后使用就会造成药害。在喷药时，发生重喷现象，也会造成作物药害。

4. 混用不当

有机磷或氨基甲酸酯类杀虫剂能严重抑制水稻植株体内芳基酰胺酶的活性。如果把敌稗与这些杀虫剂混用，敌稗在水稻植株内不能迅速降解，造成水稻药害。

5. 雾滴飘移或挥发

喷施易挥发的化学除草剂，如短侧链的苯氧羧酸类除草剂，其雾滴易挥发、飘移到邻近的作物上而发生药害。如在喷施 2,4-D 丁酯时，如果邻近的地种有棉花等敏感作物，就可能导致棉花药害。

6. 化学除草剂降解产生有毒物质

在通气不良的稻田，过量或多次使用杀草丹，杀草丹发生脱氯反应，生成脱氯杀草丹，会抑制水稻生长，造成矮化现象。

7.施药器具清洗不干净

喷施过化学除草剂的喷雾器或盛装过除草剂的药桶，应清洗干净。如未清洗干净，残留有化学除草剂，再次使用时，可能造成敏感作物的药害。喷施2,4-D丁酯除草剂的喷雾器最好专用，因为该药不易清洗干净。对喷施过超高效除草剂的喷雾器也需清洗干净，因为残留在喷雾器中少量的药液也可能造成敏感作物的药害。

8.土壤残留

有些化学除草剂的残效期很长，被称为长残效化学除草剂。如绿磺隆、甲磺隆、胺苯磺隆、氨嘧磺隆、咪草烟、莠去津、异噁草松等。使用这些化学除草剂后，如下茬种植敏感作物有可能发生药害，这种药害被称为残留药害。

9.异常气候或不利的环境条件

使用化学除草剂后，遇到异常气候如低温、暴雨等可能导致药害发生。如在正常的气候条件下，乙草胺对大豆安全。但施用乙草胺后下暴雨，大豆则会受害。

二、药害的症状

作物药害症状随着化学除草剂的品种、作物种类和作物的生育期不同而异。但同一类化学除草剂所引起的作物药害症状还是有些相似的。

1.激素类除草剂

激素类除草剂所造成的作物药害的典型症状是畸形，如叶片皱缩、呈葱叶状，茎和叶柄弯曲，抽穗困难，穗畸形，药害症状持续时间长，在作物生育初期受害，在后期仍能表现出受害症状。

2.酰胺类除草剂

此类除草剂的典型药害症状是幼苗矮化、畸形。单子叶作物受害症状为心叶紧紧卷曲，不能正常展开。双子叶作物幼苗叶片皱缩呈杯状，中脉缩短，叶尖向内凹。

3.二硝基苯胺类除草剂

此类除草剂的典型药害症状是根生长受抑制，根短而粗，根尖变厚。茎基或胚轴膨大。严重受害时不能出苗。

4.硫代氨基甲酸酯类除草剂

此类除草剂造成禾本科作物叶片不能从胚芽梢中正常抽出，阔叶作物叶片畸形呈杯状。

5.二苯醚类除草剂

此类除草剂的药害症状为出现叶片坏死斑。严重受害时，整个叶片干枯、脱落。在正常剂量下，作物叶片也会有小烧伤斑点，但对作物生长无太大的影响。

6.三氮苯类除草剂

此类除草剂对作物药害症状为脉间失绿、叶缘发黄，进而叶片完全失绿、枯死。老叶片受害比新叶片重。

7.取代脲类除草剂

此类除草剂和三氮苯类除草剂的药害症状相似。

8.联吡啶类除草剂

此类除草剂的药害症状为叶片出现灼烧斑、枯死和脱落。

9. 磺酰脲类和咪唑啉酮类除草剂

此类除草剂的药害症状出现较慢，在施药后1～2周才逐渐出现分生组织区失绿、坏死，进而才发生叶片失绿、坏死。

10. 芳氧苯氧丙酸类除草剂

此类除草剂最先影响幼嫩生长组织，心叶枯黄，继而老叶发黄、变紫，然后枯死，生长受抑制，植株矮小。

三、药害的预防

1. 药害的预防

在大面积施用某种化学除草剂前，一定要先试验，即使该药在其他地方已大面积应用，也要遵循这一原则。因为化学除草剂的药效和安全性受多种因素影响，在某地施用安全，但在另一地就不见得安全。

选用质量可靠的化学除草剂，适时、适量、均匀施用。施药后，彻底清洗施药器具。施用长残效除草剂，应尽量在作物前期施用，严格控制用药量，并合理安排后茬。

在异常气候下不要施用化学除草剂。特别是在早春作物田施用化学除草剂，施药前一定要注意天气变化，在寒潮前不要施药。邻近有敏感的作物，不要施用易挥发或活性高的化学除草剂，以免产生飘移药害。合理混用化学除草剂是防止药害的有效方法。另外，对那些不太安全的化学除草剂，应添加安全剂后得使用。此外，施药人员应受过专业培训。

2. 药害的补救措施

使用安全保护剂，如25788可以防止和解除酰胺类除草剂的药害；BNA-80能有效抑制杀草丹的脱氯，避免水稻矮化；激素型除草剂造成的药害，可喷施赤霉素或撒石灰、草木灰、活性炭等缓解；光合作用抑制剂和某些触杀型除草剂的药害，可施用速效肥，促进作物恢复生长；土壤处理剂的药害可通过翻耕、泡田和反复冲洗土壤，尽量减少残留；酰胺类除草剂的药害可喷施芸薹素内酯缓解。

当然，有些化学除草剂的药害是可以恢复的，如野燕枯喷药后，小麦叶片短时期变黄；草甘膦作为定向喷雾剂用于棉田，施用后，短时间内也会造成棉苗叶片发黄，这是属于可恢复的药害症状。不影响作物的产量和品质。

项目八 化学除草剂的混用

一、化学除草剂混用的优越性

化学除草剂混用可以扩大杀草谱，减少用药次数；提高对作物的安全性；降低化学除草剂在作物与土壤中的残留；提高化学除草剂对土壤的适应性；延长或缩短化学除草剂的持效期；降低成本，提高经济效益；延长化学除草剂品种的使用寿命；提高化学除草剂活性；取长补短、提高药效；延长施药适期；降低对作物的药害；延缓化学除草剂抗药性的发生与发展。

二、化学除草剂混用的形式及概念

1. 现混现用

除草剂混用是指在施药现场针对杂草的发生情况，根据一定的技术资料和施药经验，临时将两种或两种以上除草剂混合在一起并立即喷洒的施药方式。

2. 桶混剂

介于除草混剂和现混现用之间的一种施药方式，其是农药生产厂家加工与包装而成的一种容积相对较大、标签上注明由农药应用生物学专家提供的最佳除草剂混用配方，在施药现场临时混合在一起喷洒的施药方式。

3. 除草混剂

由两种或两种以上的有效成分、助剂、填料等按一定配比，经过一系列工艺加工而成的除草制剂。它是由农药生物学专家进行认真配方筛选、农药化工专家进行混合剂型研究，并由农药厂经过精心加工、包装而成的一种商品除草混合制剂，农民可以按照商品的标签说明直接使用。

三、除草剂混用的效应

化学除草剂混用时，一般产生以下 4 种反应。

1. 加成效应（相加作用）

两种或两种以上的化学除草剂混用后的药效等于各药剂单用之和。

2. 增效作用

两种或几种化学除草剂混用后的药效大于各药剂单用效果之和。

3. 拮抗作用

两种或几种化学除草剂混用后的药效低于各单剂的单用效果之和。

4. 强化作用

混用后的总效应大于混用中活性最高的化学除草剂的效应。强化作用一般在化学除草剂与助剂、杀虫剂与杀菌剂、化学肥料及以植物激素与微量元素混用时发生，也可称为“独立效应”。

四、化学除草剂混用中各组成成分相溶性的测定

测定混用中各种化学除草剂之间的相溶性，即物理亲和性，通常按下列方法进行。

(1)首先往容器，如广口瓶、烧杯或其他玻璃容器中加入一半水或液体肥料，然后依次加入除草剂，每加入一种除草剂后，要充分摇动 5～10 s。

(2)加入除草剂的顺序是，可湿性粉剂→流动悬浮剂→水溶剂→表面活性剂→乳剂→浓乳剂。

(3)加入剩余的水或液体肥料。

(4)充分摇动或搅拌后静默 30 min，观察是否有漂浮物、分层、沉淀、凝胶及油状液滴等。若未出现上述现象，说明混配是适宜的。若发生沉淀等，经过搅拌后能保持悬浮状态时，则不稳定的混合也可应用，在田间搅拌后立即喷雾。

(5)若沉淀严重，通过搅拌或摇动后仍不能再分散，难以形成均匀的悬浮液时，可改变化学

除草剂的加入顺序，再作测定。通常，用水或肥料溶液将可湿性粉剂、悬浮剂及乳油预先稀释能显著改善其相溶性。

(6)若进行不同的混配试验后仍然存在不相溶现象，可加入相溶剂即亲和剂进行试验。相溶剂是能保持活性与溶解性的强阴离子表面活性剂，它通常在加化学除草剂以前直接加于喷雾器械的药箱内，有时则需与化学除草剂预先稀释，然后再全部混入水或肥料溶液中。相溶剂的用量为每升喷洒混配液 0.012 4～0.375 L。

五、化学除草剂混用的原则和注意事项

(1)在充分了解化学除草剂特性的基础上，根据除草剂所要达到的目的，选择适当的化学除草剂进行混用。

(2)一般情况下，混用的化学除草剂之间不存在拮抗作用。在个别情况下，可利用拮抗作用来提高对作物的安全性，但应保证除草效果。

(3)混用的化学除草剂之间应在物理、化学上有相容性，既不发生分层、结晶、凝聚和离析等物理现象，有效成分也不应发生化学反应。

(4)利用化学除草剂间的增效作用提高对杂草的活性，同时，也会提高对作物的活性。所以，要注意防止对作物产生药害。

项目九　杂草对化学除草剂的抗药性及治理

在 20 世纪 50 年代就发现杂草对除草剂 2,4-D 产生抗药性，但当时未受到重视。直到 1970 年抗三氮苯类除草剂的欧洲千里光的报告发表后，杂草抗药性才受到重视。到目前为止，已有大量的杂草对化学除草剂产生抗药性。据统计，2017 年我国抗性杂草生物型达到 74 个，较 2009 年增加了 2.8 倍。

一、我国农田抗药性杂草的发生特点

近年来，我国农田抗药性杂草的发生特点主要表现为分布广、种类多、程度重、损失大。

1.分布广

大多数作物田杂草，如水稻、小麦、玉米、大豆、棉花、油菜、蔬菜等作物田及果园等均已报道和反映杂草抗药性问题。在我国主要稻区，特别是长江中、下游的江西、湖南、湖北、江苏、浙江等省，东北的黑龙江、辽宁、吉林，西北的宁夏等地区稻田抗药性杂草发生较重。移栽稻田、直播稻田均有抗性杂草报道，尤以直播稻田为重。长江中下游的湖南、湖北、安徽、江西、江苏等省及西北宁夏的直播稻田是抗药性杂草发生重灾区。据估算，2018 年安徽、江西、湖南、湖北等省直播稻田抗五氟磺草胺稗草(中、高抗性水平)发生面积超过 1 500 万亩。

2.种类多

我国抗药性杂草种类较多，目前，禾本科、阔叶草、莎草科等 3 大类杂草均已发现抗性杂草，我国已有 44 种杂草共 74 个生物型对 11 类 38 种化学除草剂产生了抗药性。

在水稻产区，已有 14 种稻田杂草对 10 种化学除草剂产生了抗药性。鸭舌草、雨久花、野慈姑、矮慈姑、莎草等对苄嘧磺隆、吡嘧磺隆等药剂产生抗性；雨久花、泽泻对丁草胺、噁草酮等药剂产生抗性；野慈姑对丁草胺、噁草酮抗性较强；稗草对二氯喹啉酸、五氟磺草胺、双草醚等

药剂产生抗性。

目前小麦田已有16种杂草对12种化学除草剂产生抗药性。在小麦产区，麦家公、荠菜、播娘蒿、猪殃殃等对苯磺隆产生抗性；日本看麦娘、看麦娘、野燕麦、茵草对精噁唑禾草灵、炔草酯等药剂产生抗性。

3. 程度重

目前，部分双季稻地区的稗草对二氯喹啉酸、五氟磺草胺、双草醚等常用化学除草剂已产生高水平抗性；鸭跖草、野慈姑等部分阔叶杂草和莎草对苄嘧磺隆、吡嘧磺隆等磺酰脲类除草剂产生高水平抗性。千金子的抗药性水平在逐年上升，在一些地方抗性表现严重。安徽、江西、湖北等地区的一些稻田出现多抗性稗草（五氟磺草胺＋二氯喹啉酸，五氟磺草胺＋二氯喹啉酸＋氰氟草酯）。江苏、安徽的稻麦水旱轮作区，小麦田看麦娘草、硬草等禾本科杂草对精噁唑禾草灵、炔草酯、啶磺草胺等产生高水平抗性。山东、河南、河北麦区的播娘蒿、婆婆纳、牛繁缕、繁缕等阔叶杂草对苯磺隆产生高水平抗性。

二、化学除草剂抗药性和耐药性的定义

1. 抗药性

化学除草剂的抗药性是指由于长期、大量使用化学除草剂的选择压或人为的诱导、遗传操作，一种植物生物型在对野生型致死剂量处理下，能存活并繁殖的可遗传能力。

2. 除草剂耐药性

化学除草剂的耐药性是指一种植物天然耐受化学除草剂处理的可遗传能力，在没有选择或遗传操作条件下，除草剂处理后能存活、繁殖。

3. 交叉抗药性

交叉抗药性是指在一种化学除草剂选择下，一种植物生物型对该种化学除草剂产生抗药性后，对其他化学除草剂也产生抗药性。如在使用化学除草剂A后，某种植物的生物型对该药产生了抗药性后，对未使用过的化学除草剂B也产生了抗药性。交叉抗性可在同类化学除草剂的不同品种间发生，也可在不同类型化学除草剂间发生。

4. 复合抗药性

化学除草剂的复合抗药性是指在多种化学除草剂选择下，一种植物生物型对两种或两种以上的化学除草剂产生抗药性。如在使用化学除草剂A后，某种植物的生物型对该药产生了抗药性。使用化学除草剂B后，该生物型又对化学除草剂B产生了抗药性。

三、抗性杂草产生的原因及条件

1. 抗性杂草的产生需有两个条件

第一是杂草种群内存在遗传差异；第二是存在化学除草剂的选择压。杂草种群内遗传差异可以是本身就存在的，也可以是由于突变产生的。选择压的强度决定于化学除草剂的使用量、使用频度和有效期。连续使用某种化学除草剂，形成的选择压大，易使杂草产生抗药性。

一般认为，在杂草种群中，存在抗性个体。在没有化学除草剂选择压的条件下，由于抗性个体的竞争性比敏感型个体差，不能发展成一个抗性群体。在有化学除草剂选择压存在下，敏感个体被杀死，抗性个体逐渐增多，通过多年的选择，形成抗药性种群。

2.抗性杂草形成的速度

在长期的、大量的、单一的化学除草剂的使用情况下，杂草产生抗药性是必然的，但抗药性形成的速度则受到抗性突变的起始频度、除草剂的选择压力、杂草种子库寿命、杂草繁殖能力等许多因素影响。

3.抗性杂草的作用机理

(1)作用靶标的改变　每种化学除草剂均有一定的作用靶标，它可能是单一的，也可能是多部位的，但这些部位均会发生自然变异，使化学除草剂的结合能力或抑制效应降低，活性下降，在化学除草剂的选择压力下，个别杂草发生的自然变异会被选择出来，出现抗药性杂草生物型。

(2)代谢作用增强　化学除草剂活性的发挥决定于杂草体内的浓度，化学除草剂在植物体内的降解或解毒作用代谢加快，将导致体内化学除草剂达不到作用的浓度，使杂草产生抗药性。

(3)对化学除草剂的屏蔽作用或作用位点隔离作用　化学除草剂被杂草吸收后被转移到特定的组织或细胞部位，如液泡而使化学除草剂不直接接触靶标部位。

四、抗性杂草的综合治理

1.合理使用化学除草剂

(1)化学除草剂的交替使用　轮换使用化学除草剂，防止长期、大量使用某种单一化学除草剂。在一个地区使用某一种或某一类化学除草剂时，由于除草剂的选择作用，该地杂草群体中抗药性杂草生物型的比例会逐渐上升，当交替轮换使用另一种除草剂时，利用抗药性杂草生物型的适合度通常低于敏感杂草生物型的不利因素，可使群体中稍有上升的抗性杂草生物型恢复到用药以前的水平。

(2)化学除草剂的混用　混用作用机制不同的化学除草剂，需要注意的关键问题有两个方面。首先要避免将具有交互抗性的化学除草剂进行混用，尤其是作用位点相同的化学除草剂间会具有交互抗性，应避免混用。其次化学除草剂混用具有产生多抗性的风险。

(3)在阈值水平上使用化学除草剂　要限制使用化学除草剂(主要是对用药量采用限制)，即在阈值水平上最佳使用化学除草剂。即从生态学观点和经济学观点综合。避免过量使用化学除草剂，只在必要时，才使用化学除草剂。

(4)化学除草剂安全剂和增效剂的使用　应用安全剂，可使一些非选择性或选择性弱的化学除草剂得以使用，降低选择压力，扩大杀草谱。有助于延缓抗性杂草种群的形成。

2.轮作与换茬

合理轮作，降低杂草的发生，同时也便于使用不同的化学除草剂。

3.防止抗性杂草种群的传播与扩散

注意田间观察抗性杂草种群发生，采取积极措施防止可能产生抗性的杂草种群的扩散。在抗性杂草发生的地方使用过的农机具，应注意做好清洁工作，防止抗性杂草种子随农机具传播到其他地方。

4.采用综合防治措施，把其他杂草防治措施与化学防治结合起来。

5.对已产生抗性的杂草，改换作用机理不同的化学除草剂，或其他防治措施。

模块巩固

1. 简要说明化学除草剂的使用方法。
2. 简要说明化学除草剂按施用时间可分为哪几种？
3. 简要说明化学除草剂根据对不同类型杂草的活性可分为哪几种？
4. 简要说明影响化学除草剂药效的生物因素。
5. 简要说明影响化学除草剂药效的非生物因素。
6. 简要说明药害发生的原因。
7. 简要说明化学除草剂混用的形式。
8. 简要说明化学除草剂混用的效应。
9. 简要说明我国农田抗药性杂草的发生特点。
10. 简要说明抗性杂草的综合治理。

模块五

主要作物田杂草治理

【知识目标】

了解水稻田、大豆田、玉米田等农田的主要杂草类型；熟悉水稻田、大豆田、玉米田等农田杂草的防除时期；掌握水稻田、大豆田、玉米田等农田杂草的防治方法。

【能力目标】

具备水稻田、大豆田、玉米田等农田杂草的识别能力，并进行分类；具有根据各农田杂草类型选择适宜除草剂的能力；具有水稻田、大豆田、玉米田等农田杂草的防除能力。

项目一　水稻田杂草治理

一、稻田常见杂草

(一)旱育秧苗床常见杂草

旱育秧苗床常见的杂草有稗草、藜、苋、龙葵等一年生禾本科杂草和一年阔叶杂草。

(二)水稻田常见杂草

1. 禾本科杂草

稗、稻稗、江稗、杂草稻、匐茎剪股颖、稻李氏禾、芦苇、千金子、看麦娘等。

狼把草

2. 莎草科杂草

牛毛草、扁秆藨草(三棱草)、三江藨草(日本藨草)、异型莎草(三棱草)、萤蔺、碎米莎草等。

3. 阔叶杂草

慈姑(驴耳菜)、泽泻(水白菜)、雨久花、眼子菜、狼把草、水绵、四叶萍等。

二、黑龙江省稻田杂草发生规律及对策

黑龙江省稻田杂草始发期在5月上旬，高峰期在5月末至6月初，阔叶杂草发生高峰在6月中、下旬，杂草出苗持续时间长，部分地区如黑龙江垦区整地早，整地与插秧间隔时间长，杂草出苗早，一次施药难以有效控制早期出苗杂草的危害，而且一次性施药多在水稻插秧后5～7 d进行，常受低温影响，水稻插后缓苗慢，有些除草剂如丁草胺用量大对水稻安全性差，抑制水稻生长。

为有效控制杂草危害，尤其是一些难防治杂草，提高对水稻的安全性，可采取分期施药法，即插前5～7 d施药，插后15～20 d施药。

三、水稻田化学除草剂选择的原则

1.原则

对水稻安全。

2.主要原因

北方水稻生育前期受延迟性低温影响，生育后期受早霜的影响，对农时及化学除草剂安全性要求严格。北方水稻秧苗移栽多为3～3.5叶期，秧苗小，5月中下旬插秧又正值低温阶段，缓苗慢。移栽水稻生育前期在低温、水深、弱苗等不利条件下，对除草剂降解能力弱，易产生药害，抑制水稻生长，加重病害，影响产量及品质，甚至绝产，因此水稻除草剂的安全性至关重要。

四、稻田常用的化学除草剂

(一)防除禾本科杂草为主的化学除草剂

防除禾本科杂草的化学除草剂主要有丙草胺、丁草胺、莎稗磷、噁草酮、四唑酰草胺、苯噻酰草胺、敌稗、杀草丹、禾草特、二氯喹啉酸、氰氟草酯等。

1.丁草胺

丁草胺为选择性苗前化学除草剂。可用于水田防除以种子萌发的禾本科杂草、一年生莎草科杂草及一些一年生阔叶杂草，对多年生杂草无明显防效。只能防除1.5叶以前的稗草。持效期30～40 d，对下茬作物安全。旱育秧田播种覆土后、插秧田插前插后均可使用。插秧前2～3 d，插秧返青后稗草1.5叶期前，毒土、毒肥或喷雾法施药。水稻插前5～7 d、插后15～20 d两次用药。

2.丙草胺

其用于水稻移栽田，移栽前后均可使用，防除稗草、千金子等一年生禾本科杂草，兼治部分一年生阔叶杂草和莎草科杂草。属于苗前选择性除草剂，最好在杂草出苗以前施药。移栽前3～5 d或移栽后3～5 d稗草刚萌动(1叶期前)，最晚稗草不超过1.5叶，用毒土法或毒肥法施药，安全性好，扩散性好，也可用瓶甩法施药。水稻移栽田在移栽后3～5 d杂草刚萌动采用毒土法施药，拌细沙或细土均匀撒施，施药时要有水层3～5 cm，保持5 d以上。如采用喷雾法可喷在湿润的泥土上，施药后1 d内灌水，保持水层5 d左右。抛秧田在抛秧前2～3 d或抛秧后2～4 d施药。抛秧田水稻秧龄应达3叶1心以上，南方秧龄20 d以上，北方秧龄30 d以上。

3. 莎稗磷

莎稗磷主要用于插秧田，插秧前后均可使用，防除一年生禾本科杂草和莎草科杂草，稗草2叶期以前防除效果最好。药剂主要通过幼芽和地下茎吸收，因此对正萌发的杂草效果最好，对已经长大的杂草效果差。插秧前2～3 d，插秧返青后稗草1.5叶期前，毒土、毒肥(沙)或喷雾法施药，药后控制水层在3～5 cm，水层不能淹没稻苗，保持7～10 d只灌不排。该药扩散性较差，对水层要求较严格，药后要保持水层。最好两次用药，插前5～7 d单用、插后15～20 d与其他除草剂混用(防治阔叶杂草兼治后出土的稗草)。注意药后田间保持水层7 d以上，10 d内勿使田间药水淹没稻苗心叶及田水外流；盐碱地用下限药量。

4. 苯噻酰草胺

本药只用于插秧本田，插前插后均可使用。一般在插前2～3 d，插秧返青后稗草1.5叶期前用毒土或毒肥法施药。可有效防除稗草、牛毛草、异型莎草、雨久花等。对水层要求严格，水浅效果差，水深易发生药害。

5. 敌稗

该药一般只用于育秧田，于稗草1.5叶期前(一叶一心期)苗床茎叶喷雾。

6. 二氯喹啉酸

该药在水稻育秧田、插秧本田、直播田均可使用。一般只用于防除稗草，能杀死1～7叶期的稗草，对4～7叶期的高龄稗草效果突出，对一些阔叶杂草也有一定防效。在水稻2叶期前使用易产生药害，所以秧田或直播田应在稻秧2.5叶期以后使用。直播田在晒田后5 d水稻达2叶期以后使用，插秧田在水稻返青后稗草3叶期前用毒土或毒肥法施药。用药前1 d将田水排干，保持湿润，药后1～2 d放水回田，保持3～5 cm水层，5～7 d后恢复正常管理。注意水层太深会降低对稗草的防效。育秧田使用不安全，苗床看不出药害症状，插到田里才出现药害。二氯喹啉酸在土壤中有积累作用，对后茬易产生残留药害。药后8个月内不能种棉花、大豆，下一年不能种甜菜、茄子、烟草等，2年内不能种番茄、胡萝卜等。用药后的田水或雾滴漂移会使茄科的烟草、马铃薯、茄子、辣椒、番茄、葫芦科的黄瓜、西瓜、甜瓜、南瓜、豆科的青豆、紫花苜蓿、伞形科的胡萝卜、芹菜、香菜、藜科的甜菜、菠菜、菊科的向日葵、莴苣、锦葵科的棉花、旋花科的甘薯等作物产生药害。

7. 杀草丹

育秧田、直播田、插秧本田均可使用该药。可有效防除稗草、牛毛草、雨久花等。沙质土、漏水田不宜使用，水稻立针期使用易受药害。

8. 禾草特

直播田、插秧田均可使用该药。只能防除稗草。在水稻苗期使用易产生药害，所以直播田应在水稻1叶期后用药，插秧田应在水稻返青后到稗草3叶期前用毒土或毒肥法施药。

9. 氰氟草酯

该药在育秧田、直播田、插秧本田均可使用。只能防除稗草。育秧田稗草1.5～2叶期茎叶喷雾；直播田晒田覆水后使用；插秧本田稗草3～7叶期均可使用，但只能喷雾，不能用毒土法。该药属迟效性除草剂，用药10 d后稗草叶片开始发黄，15～20 d才能完全死亡。对水稻安全，但与苄嘧磺隆、吡嘧磺隆、醚磺隆、二甲四氯、2,4-D等阔叶除草剂混用时可能会有拮抗现象发生。最好在用药7 d后再使用防除阔叶杂草的除草剂。

10.噁草酮

此药只用于插秧田，在插秧前使用。插秧前 2～3 d，耙地后趁水浑施药。施药时田内要保持 3～5 cm 水层，药后 2～3 d 换新水插秧。

11.丙炔噁草酮

其是水稻选择性触杀型苗前除草剂。主要用于插秧田，在杂草出苗前或出苗后早期使用。在稗草 1.5 叶前和莎草科杂草、阔叶杂草萌发初期施用效果最好。一次用药或两次用药。两次用药一般在插前单用、插后单用或混用。插前施用时，一般在耙地之后进行耢平时趁水浑浊时将药液泼浇到田里，施药后间隔 3 d 以上的时间再插秧。插秧后 7～10 d 施用时，先将药剂溶于少量水中，然后拌入细沙或化肥并充分拌匀，再均匀撒施到田里。施药时保持田间 3～5 cm 水层 5～7 d，缺水补水，勿大水漫灌淹没稻苗心叶。阔叶草发生重的地块，可与磺酰脲类药剂混用或错期搭配施用。

12.五氟磺草胺

该药主要施用于水稻秧田和直播田，对稗草、一年生莎草科杂草和多种阔叶草均有效，对稗草的药效尤为突出，对大龄稗草有极佳防效。对多种亚种的稗草防除效果好，包括对二氯喹啉酸、敌稗或乙酰辅酶 A 羧化酶抑制剂产生抗性的稗草。对许多磺酰脲类产生抗性的杂草也有较好的防效，但对千金子无效。对籼稻和粳稻安全，在一叶期到收获前均可使用。在土壤中的残留期较短，一般不影响后茬作物，但应避免在制种田使用。稗草 2～3 叶期，茎叶喷雾，也可用毒土、毒肥法施用。

13.四唑酰草胺

该药在移栽田、直播田和抛秧田均可使用。主要防除禾本科杂草、莎草科杂草和阔叶杂草。直播田晒田覆水后，移栽田插秧后 1～10 d，抛秧田抛秧后 1～7 d，稗草苗前至 2.5 叶期毒土法、毒肥法或喷雾法施药。毒土法施药时，要保证土壤湿润(即田间有薄水层)，以保证药剂均匀扩散。注意药后田间水层不能淹没水稻心叶。

(二)防除阔叶杂草及莎草科杂草的化学除草剂

1.吡嘧磺隆

吡嘧磺隆在直播田、插秧田均可使用。直播田在晒田覆水后、插秧田在水稻返青后使用。主要防除阔叶杂草及多年生三棱草，对狼把草效果明显。10%吡嘧磺隆用药量超 0.4 kg/hm^2 易产生药害。

2.苄嘧磺隆

此药在直播田、插秧田均可使用。直播田在晒田覆水后、插秧田在水稻返青后使用。主要防除阔叶杂草及多年生三棱草，对狼把草效果不如吡嘧磺隆。

3.灭草松

其在直播田、插秧田均可使用。主要防除阔叶杂草和莎草科杂草，水稻 3 叶期，用药量 2.5～3 mL/10 m^2 兑水 0.25 kg 茎叶喷雾。

4.二甲四氯

其在直播田、插秧田均可使用。对阔叶杂草和莎草科杂草防效好，但对水稻安全性差，必须在水稻有效分蘖结束后使用，黑龙江省要在 6 月 25 日至 7 月 5 日之间，喷雾法施药。低于 18℃时会产生药害。

5. 丙炔噁草酮

该药主要用于水稻、马铃薯、向日葵、蔬菜、甜菜、果园等苗前防除阔叶杂草，对稻田一年生禾本科和莎草科杂草、阔叶杂草及某些多年生杂草防除效果显著，对恶性杂草四叶萍有良好的防效。

6. 乙氧(嘧)磺隆

该药直播田、插秧田均可使用。直播田在晒田覆水后、插秧田在水稻返青后使用。对多年三棱草、眼子菜效果较差，两次用药对日本藨草防除效果较好。

7. 环胺磺隆/环丙嘧磺隆

直播田、插秧田均可使用。直播田在晒田覆水后、插秧田在水稻返青后使用。对水稻安全性好，在土壤中吸附快，因此对水层的要求不太严格，缺水田用药也可保证除草效果。

8. 醚磺隆

醚磺隆于插秧田在水稻返青后使用，对眼子菜防效突出，对日本藨草防效好，对扁秆藨草防效较差。

9. 氟吡磺隆

该药在水稻移栽田、直播田能有效防除多种一年生或多年生阔叶杂草及多种稗草，如稗、无芒稗、长芒稗、旱稗以及双穗雀稗等，对大龄稗草有良好防效，对 3 叶期以前的千金子也有一定效果。

10. 双草醚

双草醚可在水稻田防除稗草(1～7 叶期)、稻李氏禾、匍茎影、谷精草、东北甜茅、部分阔叶杂草及牛毛草、小水葱、异型莎草和三棱草等。杂草通过叶片和茎秆吸收后，传导到全株，抑制乙酰乳酸合成酶，从而抑制氨基酸的合成和植物体的细胞分裂，植物体停止生长，逐渐白化枯死。因此，杂草死亡速度较慢，一般 7 d 后发生药害症状，10～14 d 才完全枯死。

11. 嘧啶肟草醚

其是水稻移栽田、直播田、抛秧田茎叶处理除草剂，主要防除稗草及部分阔叶杂草，对稗草、稻稗、野慈姑、泽泻、三棱草、稻李氏禾等杂草有特效；对匐茎翦股颖、雨久花、鸭舌草、萤蔺防除效果一般；对马唐、千金子无防除效果，防除这两种杂草可以与氰氟草酯复配使用。除草活性高、杀草谱广，一次用药基本可防除水稻田绝大多数杂草，省工省时。

本药为嘧啶水杨酸类除草剂，可以被植物的茎、叶吸收，在体内传导，抑制敏感植物支链氨基酸的生物合成。喷药后 24h 抑制植物生长，3～5 d 出现黄化，可以与池埂边上的杂草对比，确定是否黄化，7～14 d 枯死。

水稻移栽田插秧后、直播田苗后、抛秧田抛后施药。稗草 3～4 叶期；稗草超过 5 叶期，5%乳油用量 60 mL/667 m^2(900 mL/hm^2)；每壶水加一袋二氯喹啉酸能提高杀草速度。施药前 1 d 撤浅水，使杂草茎、叶充分露出水面，将药液均匀喷到杂草茎、叶上，药后 1～2 d 再灌水入田，一周内保持 5～7 cm 水层。

注意用药后 6 h 之内降雨会影响药效，应及时补喷；温度低于 15℃持续 3～4 d，药效不好；15～30℃，效果正常，温度升高，效果增强；超过 30℃，不会出现药害，但水稻黄化现象会出现得早；不要倍量使用此药(即不应减少兑水量)，不要重喷，水稻淹于水中使用此药剂，易产生药害；嘧啶肟草醚落水失效，所以使用前应排水，使杂草充分露出水面；水稻出现黄化现象后，应立即灌水，保持水稻正常生长；不能与敌稗、灭草松等触杀型药剂混用。

五、稻田杂草防除方法

(一)育秧田化学除草

水稻秧田杂草防除的重点是稗草,可以苗前封闭除草,也可以苗后进行茎叶处理。

1. 苗前封闭

播种覆土后用二甲戊灵、50%杀草丹、60%丁草胺等,最好选择效果好、安全性较高的化学除草剂。将药剂均匀喷洒在苗床覆土上或配成毒土,然后均匀撒施在苗床覆土上。

(1)50%杀草丹 4 500~6 000 g/hm^2,兑水 150~225 kg,在播种覆土后喷雾。

(2)33%二甲戊灵 2 000~3 000 mL/hm^2,兑水 150~225 kg,在播种覆土后喷雾。

2. 苗后茎叶处理

选择禾草特、氰氟草酯、敌稗、灭草松等。阔叶杂草发生较重的地块,苗后选择灭草松。

(1)90.9%禾草特 1 500 mL/hm^2+20%敌稗 4 500~7 500 mL/hm^2,在水稻苗后稗草 2~3 叶期兑水喷雾。

(2)90.9%禾草特 2 250 mL/hm^2+48%灭草松 1 500~2 250 mL/hm^2,在水稻苗后稗草 3 叶期兑水喷雾。

(3)10%氰氟草酯 600~900 mL/hm^2+48%灭草松 2 250 mL/hm^2,在水稻苗后稗草 2~3 叶期兑水喷雾。

(二)水稻田(插秧田、移栽田)化学除草

水稻田(插秧田、移栽田)化学除草剂主要有丙草胺、丁草胺、二氯喹啉酸、吡嘧磺隆、苄嘧磺隆、禾草特、灭草松、莎稗磷、乙氧磺隆等。

1. 插秧前封闭除草

插秧前一次性封闭除草,结合灌水整地,最好采用毒土或泼浇法施药,施药后保持 3~5 cm 水层,保水 5~7 d 后可插秧或抛秧。

2. 插前、插后两次用药封闭除草

插秧前 2~3 d 用药能控制插秧后前期长出的稗草,可选用马歇特、丁草胺、丙草胺、莎稗磷等毒土法施药;插秧后 10~15 d 二次用药。两次施用的除草剂种类及用量。

(1)一次用药　24%乙氧氟草醚 40 mL/667 m^2+50%丙草胺 50 mL/667 m^2+10%吡嘧磺隆 10 g/667 m^2。

(2)二次用药　50%丙草胺 75 mL/667 m^2+10%吡嘧磺隆 10 g/667 m^2。

3. 插秧后稻田初期封闭除草

插秧后稻田初期施用化学除草剂,施药后的土壤表面形成药层,当杂草出土时遇到药层吸收药剂中毒死亡。施药时间与整地时间间隔不能太长,一般在插秧后 5~7 d,水稻返青后,稗草 1.5 叶期。

(1)丙草胺　一次用药,耙地后插秧前 5~7 d,1 050~1 200 mL/hm^2 或插秧后 5~7 d,50%丙草胺 1 050~1 200 mL/hm^2 与吡嘧磺隆或苄嘧磺隆等防除阔叶除草剂混用;二次用药,耙地后插秧前 5~7 d,50%丙草胺 900~1 050 mL/hm^2;插秧后 10~15 d,50%丙草胺 750~900 mL/hm^2+10%吡嘧磺隆 150 mL/hm^2(或 30%苄嘧磺隆 150 mL/hm^2)混用,防除

阔叶杂草。

(2)丁草胺　二次用药，耙地后插秧前5～7 d，90%丁草胺750 mL/hm²；插秧后10～15 d，90%丁草胺750 mL/hm²＋10%吡嘧磺隆150 mL/hm²（或30%苄嘧磺隆150 mL/hm²）混用防除阔叶杂草。

(3)莎稗磷　一次用药，耙地后插秧前5～7 d，用30%莎稗磷750～900 mL/hm²或插秧后5～7 d，30%莎稗磷750～900 mL/hm²＋10%吡嘧磺隆150 mL/hm²（或30%苄嘧磺隆150 mL/hm²）等除草剂混用防除阔叶杂草。二次用药，耙地后插秧前5～7 d，30%莎稗磷900～1 050 mL/hm²；插秧后10～15 d，30%莎稗磷750～900 mL/hm²＋10%吡嘧磺隆150 mL/hm²（或30%苄嘧磺隆150 mL/hm²）等除草剂混用防除阔叶杂草。

(4)防除2～3叶龄稗草　50%二氯喹啉酸525～675 mL/hm²兑水150～300 kg茎叶喷雾。施药前1 d排干水，施药后1～2 d恢复正常水层管理。防除4～7叶龄的稗草时，药量可加大到750 mL/hm²。

(5)三棱草发生严重的地块　48%灭草松2 250～3 000 mL/hm²兑水150～300 kg，在水稻插秧后20～30 d，三棱草全部露出水面，阔叶杂草基本出齐时，选晴天进行茎叶喷雾防除。

(6)三棱草、阔叶杂草与稗草混生地块　48%灭草松2 250～3 000 mL//hm²＋50%二氯喹啉酸525～675 mL/hm²，兑水150～300 kg，可在田间稗草4～6叶期，三棱草露出水面，阔叶杂草基本出齐时，选晴天进行茎叶喷雾处理，可防除稗草、阔叶杂草及三棱草。

(7)除草剂混用除草　8%灭草松2 250～3 000 mL/hm²＋56%二甲四氯可溶粉345～405 mL/hm²，兑水150～300 kg，茎叶喷雾。选择高温晴天施药，并在施药后8 h内无雨有效。但应注意二甲四氯不能在水稻分蘖末期施用。

(8)苄二氯　44%苄·二氯600 mL/hm²，兑水150～300 kg，在水稻插秧后7～15 d，稗草1.5～3叶期，全田均匀喷雾。施药前1 d排干田水，施药后1～2 d恢复正常水层管理。

4. 插秧田中期封闭除草

当稻田稗草超过1.5叶期达2～3叶期时施用化学除草剂即为中期封闭除草。可选用高杀草丹、禾草丹、二氯喹啉酸等。

5. 插秧田后期化学除草

当稻田稗草超过3叶期以后施用化学除草剂时即为后期化学除草，对水稻田后期杂草的防除视杂草种类不同必须选择不同的药剂和方法。在插秧田3～7叶期的大龄稗草可用氰氟草酯、二氯喹啉酸、双草醚、嘧啶肟草醚、五氟磺草胺等。

6. 杂草出苗后

在杂草出苗后可用56%二甲四氯钠15 g/667 m²＋48%灭草松100 mL/m²防除。

(三)水稻直播田化学除草

1. 防除禾本科杂草为主的化学除草剂

(1)禾草特　晒田复水后采用毒土或毒肥法，96%乳油200 mL，保持水层5～7 cm，保水5～7 d后正常水层管理。

(2)二氯喹啉酸　稗草出齐后茎叶喷雾，50%可湿性粉剂30～60 g，排干田面水，茎叶喷雾1～2 d后，恢复正常水层管理。

(3)敌稗　晒田复水后采用毒土或喷雾法，20%乳油500 mL，施药时3 cm水层，保水5～

7 d。

(4)双草醚　防除稗草及部分阔叶杂草。晒田复水后采用毒土或喷雾法,10%悬浮剂1.5～2 g,施药时3 cm水层,保水5～7 d。

(5)嘧啶肟草醚　防除稗草及部分阔叶杂草。晒田复水后采用毒土或喷雾法,5%乳油40～70 mL,施药时3 cm水层,保水5～7 d。

(6)五氟磺草胺　前面已进行了讲解。

2.防除阔叶杂草为主的化学除草剂

(1)吡嘧磺隆　晒田复水后毒土或喷雾法施用,10%吡嘧磺隆可湿性粉剂15～20 g,施药时3 cm水层,保水5～7 d后恢复正常水层管理。

(2)苄嘧磺隆　晒田复水后毒土或喷雾法施用,30%苄嘧磺隆可湿性粉剂15～30g,施药时3 cm水层,保水5～7 d后恢复正常水层管理。

(3)醚磺隆　防除大部分阔叶杂草,对三棱草也有较强抑制作用。晒田复水后毒土或喷雾法施用,20%可湿性粉剂15～30 g,施药时3 cm水层,保水5～7 d后恢复正常水层管理。

(4)灭草松　防除三棱草及大部分阔叶杂草。杂草出齐后茎叶处理。排干田面水,茎叶喷雾1～2 d后,恢复正常水层管理。

六、水稻田难治杂草防治

1.稻稗

防治稻稗一次施药可选用禾草特、丙草胺、苯噻草胺、五氟磺草胺、氰氟草酯、二氯喹啉酸等除稗剂。分期施药可选用丁草胺、丙草胺、莎稗磷、苯噻酰草胺、四唑酰草胺等,在移栽前5～7 d、移栽后15～20 d分两次施药。丙草胺、苯噻草胺等插秧前3～5 d施药,插秧后15～20 d水稻缓苗后施药,对水稻安全,除草效果好。

2.慈姑

防治慈姑可轮换使用作用原理不同的除草剂,吡嘧磺隆、环胺磺隆、乙氧磺隆等磺酰脲类除草剂与灭草松等轮换使用;改进施药技术,在插前和插后进行分期施药;选对慈姑有效的化学除草剂,如丙草胺、莎稗磷、吡嘧磺隆、嗯草酮、醚磺隆、乙氧氟草醚等。苄嘧磺隆比吡嘧磺隆防治慈姑的药效差,应选用吡嘧磺隆。

3.泽泻

可用48%灭草松2～3 L/hm^2 +56%二甲四氯250 mL/hm^2 混用,防治泽泻及稻田后期较难防治的其他阔叶杂草。

4.水绵

在水稻插后表施磷酸二铵,导致水绵严重发生。施用化学除草剂水绵在短期内得到控制,待化学除草剂有效期一过,水绵又快速繁殖为害。因此应采取深耕深翻,磷肥做基肥深施,化学药剂可选用吡嘧磺隆、环胺磺隆环丙嘧磺隆等除草剂、毒土法或甩施法施药。苄嘧磺隆对水绵无效。

5.匐茎剪股颖

50%丙草胺1 050 mL/hm^2 +50%扑草净1 500 mL/hm^2 毒土撒施;10%氰氟草酯1 050～1 200 mL/hm^2,喷雾;41%草甘膦2 250～3 000 mL/hm^2 在水稻收获后秋施药,喷雾10～15 d后秋翻。

6. 芦苇

防治芦苇可用15%精吡氟禾草灵10倍液涂抹，或41%草甘膦5～10倍液涂抹，或10.8%高效氟吡甲禾灵10倍液涂抹。

7. 扁秆藨草、三江藨草、藨草(三棱草)

这3种杂草是多年生杂草，既能种子繁殖又能块茎繁殖。每个块茎能长出3～4条根茎，每条根茎的顶端又能长出新的幼苗和块茎，这样一年反复4～5次，一个块茎一年可以形成40～300个新的块茎，每棵苗最终能结100多粒种子，这样总的种子量可达4 000多粒。发生严重的地块，每平方米土中含有的球状块茎可达1 000多个。块茎在土层中有深有浅，从5月上旬到6月下旬一个多月里才能出齐，种子萌发也从6月中旬开始，这样三棱草出苗时间特别长而且不整齐，一般用药很难防除。若在三棱草基本出齐(即6月中旬以后)时用药，这时三棱草已经长大，地下新的块茎已经形成，喷雾用的化学除草剂杀不死地下的块茎，更重要的是此法还会伤害水稻。因此，要想治住三棱草，必须选对药、且要早用药。

防治三棱草可采用二次施药法，第一步杀死土层浅处先出苗的三棱草。秧苗移栽后5～7 d，即三棱草出苗初期，苗高3～5 cm，尚未露出水面，用10%吡嘧磺隆150～200 g/hm^2，毒土、毒肥、喷雾、泼浇均可，施药时保持水层3～5 cm保持5～7 d(喷雾法除外)；第二步杀死埋在土层深处的块茎及由种子长出的三棱草，第一步用药后10～20 d，新出苗的三棱草苗高3～7 cm，尚未露出水面，用10%吡嘧磺隆150～200 g/hm^2，毒土、毒肥、喷雾、泼浇均可，施药时保持水层3～5 cm保持5～7 d(喷雾法除外)。

插秧前撒毒土，10%吡嘧磺隆375～450 mL/hm^2；插秧前撒毒土，10%吡嘧磺隆150 mL/hm^{2}或30%苄嘧磺隆150 mL/hm^2，插后10%吡嘧磺隆150 mL/hm^{2}或30%苄嘧磺隆150 mL/hm^{2}毒土撒施，或插后两次施药；喷雾时则用48%灭草松3 000 mL/hm^{2}或10%吡嘧磺隆150 mL/hm^{2}或15%乙氧嘧磺隆150 mL/hm^2。

8. 田埂

用41%草甘膦3 000 mL/hm^{2}或70%草甘膦1 125～1 500 mL/hm^{2}对水定向喷雾防治。

项目二　大豆田杂草治理

一、大豆田常见杂草种类

1. 禾本科杂草

稗草、狗尾草、金狗尾草、马唐、野黍、野燕麦等。

2. 阔叶杂草

菟丝子、藜、苍耳、苋、龙葵、荠菜、卷茎蓼、马齿苋、铁苋菜、问荆、香薷、酸膜叶蓼等。

3. “三菜”

苣荬菜、刺儿菜、鸭跖草。

二、大豆田不同生育期常用化学除草剂

(一)大豆播前或播后苗前除草剂

大豆播前或播后苗前可用乙草胺、2，4-D丁酯、2，4-D异辛酯、精异丙甲草胺、异丙甲草

胺、异丙草胺、甲草胺、70%嗪草酮、丙炔氟草胺、异噁草松、噻吩磺隆、唑嘧磺草胺。

(二)大豆拱土期

大豆拱土期可用精异丙甲草胺、异丙甲草胺、异噁草松、噻吩磺隆。

(三)大豆真叶期

大豆真叶期可用异噁草松、灭草松、烯禾啶、精吡氟禾草灵、精喹禾灵、高效氟吡禾草灵、精噁唑禾草灵、喹禾糠酯、烯草酮。

(四)大豆1片复叶期

大豆1片复叶期可用异噁草松、烯禾啶、精吡氟禾草灵、精喹禾灵、高效氟吡禾草灵、精噁唑禾草灵、喹禾糠酯、烯草酮。

(五)大豆2～3片复叶期

此期可用异噁草松、灭草松、烯禾啶、精吡氟禾草灵、精喹禾灵、高效氟吡禾草灵、精噁唑禾草灵、喹禾糠酯、烯草酮、乳氟禾草灵、三氟羧草醚、氟烯草酸、氟磺胺草醚、甲氧咪草烟。

三、大豆田常用化学除草剂简介

(一)播前或播后苗前

1. 防除禾本科杂草

乙草胺、精异丙甲草胺、异丙甲草胺、异丙草胺、甲草胺。

2. 防除阔叶杂草

2,4-D丁酯、2,4-D异辛酯、噻吩磺隆、氯嘧磺隆、嗪草酮、丙炔氟草胺、唑嘧磺草胺。

3. 防除禾本科杂草和阔叶杂草

咪唑乙烟酸、异噁草松、草甘膦。

(二)药剂

1. 乙草胺、异丙草胺、异丙甲草胺

大豆、玉米田防除一年生禾本科杂草和小粒种子阔叶杂草。播前或播后苗前土壤处理，主要通过杂草幼芽吸收(单子叶植物胚芽鞘吸收；双子叶植物下胚轴吸收后向上传导，根也可少量吸收，但传导速度慢)。播后苗前最好在播种后出苗前3～5 d施药，大豆拱土期施药会造成药害。用药量根据土壤类型、有机质含量适当调整，一般土质黏重、含水量低的地块应适当增加用药量。90%乙草胺播后苗前，土壤有机质含量6%以下用药量1 400～1 900 mL/hm^2；土壤有机质含量6%以上用药量1 900～2 500 mL/hm^2。

2. 精异丙甲草胺

大豆、玉米、马铃薯、甜菜、南瓜、烟草等播后苗前土壤处理。用药量，土壤有机质含量3%以下96%精异丙甲草胺750～1 200 mL/hm^2(50～80 mL/667 m^2)；土壤有机质含量4%以上96%精异丙甲草胺1 050～2 100 mL/hm^2(70～140 mL/667 m^2)。

选择性芽前化学除草剂，防治一年生禾本科杂草、部分阔叶杂草及一年生莎草科杂草。在出芽前做土面处理。露地栽培作物在干旱条件下施药，应迅速浅混土，覆膜作物田施药后可不混土，但必须立即覆膜。残效期适中，一般 30～35 d，足以控制作物封行前的田间杂草。所以一次施药需结合人工或其他除草措施，才能有效控制作物全生育期杂草为害。施药后 80～90 d，土壤中残留消失，不会对后茬作物带来任何损害。采用毒土法，应在下雨或灌溉前后施药。不得用于水稻秧田和直播田，不得随意加大用药量。

3. 甲草胺

该药宜在播前、播后苗前及苗后早期使用，可防除多种一年生禾本科杂草和阔叶杂草，对多年生的小蓟、大蓟、苣荬菜、问荆等有一定抑制作用。用药量 48%甲草胺 0.75～1.05 L/hm^2。主要被杂草根部吸收，随蒸腾流水分通过木质部传导造成叶片失绿、白化。注意后茬不能种小麦、甜菜、油菜、马铃薯、玉米等。

4. 2,4-D 丁酯、2,4-D 异辛酯

这两种除草剂是根、茎、叶吸收，向上下传导。播后苗前处理防除已出土阔叶杂草，用药量 72% 2,4-D 丁酯 0.8～1.0 L/hm^2，但持效期短，低洼地和沙质土因淋溶可对作物造成较重药害，在作物出苗期遇持续低温和连续降雨易产生药害，对邻近作物会产生飘移和挥发性药害。

5. 嗪草酮

该药用于大豆、马铃薯等作物田，主要防除多种一年生阔叶杂草及部分禾本科杂草，对多年生杂草无效。用药量 70%嗪草酮 50～80 g/667 m^2（750～1 200 g/hm^2）。主要被杂草根部吸收，随蒸腾流向上传导，也可被叶吸收在体内进行有限传导。用药后不影响杂草萌发，但出苗后的杂草叶片褪绿，最后因营养枯竭而死。注意土壤有机质含量 2%以下、土壤 pH 7 以上、沙质土、地势不平、整地质量差、低洼地不能使用，否则药剂淋溶会造成药害。在低温、降水量大的年份也易产生药害，主要表现为作物叶片褪绿、皱缩、变黄、坏死。

6. 丙炔氟草胺

其在大豆、花生、果园等作物田防除一年生阔叶杂草和部分禾本科杂草。防治鸭跖草效果好。大豆播前、播后苗前使用，50%丙炔氟草胺可湿性粉剂 60～90 g/hm^2。播后用药最好在播后随即用药，过晚会影响药效。大豆拱土期施药遇低温条件对幼苗有抑制作用。丙炔氟草胺对杂草的防效取决于土壤湿度，干旱时严重影响除草效果。若与其他除草剂（碱性除草剂除外）如乙草胺等混用，不仅可扩大杀草谱，还具有显著的增效作用。其是触杀型选择性除草剂，幼芽和叶片吸收，抑制叶绿素的合成，在环境中易降解，对后茬作物安全。

注意大豆发芽后施药易产生药害，所以必须在苗前施药。土壤干燥影响药效。禾本科和阔叶杂草混生的地块，应与防除禾本科杂草的除草剂混合使用，效果会更好。

7. 唑嘧磺草胺

该药是第一个商品化的磺酰脲类除草剂。在大豆、玉米、小麦、苜蓿、三叶草等作物田防除各种阔叶杂草。防治鸭跖草效果好。内吸传导型除草剂，根和叶片吸收，木质部和韧皮部传导，在植物分生组织内积累，蛋白质合成受阻，使植物停止生长最后死亡。

大豆、玉米播前或播后苗前均可使用，用药量 80%唑嘧磺草胺水分散粒剂 48～60 g/hm^2。也可与其他除草剂混用进行秋施药。玉米田最好播后随即施药，一般 3 d 内施完。

该药为长残留除草剂，药后第二年可种植大豆、玉米、小麦、大麦、水稻、高粱、马铃薯等作物，不能种植甜菜、油菜、亚麻、向日葵、西瓜、南瓜、番茄、辣椒、茄子、洋葱、白菜、胡萝卜、黄

瓜等。

8. 异噁草松

其是选择性苗前化学除草剂，通过植物的根、幼芽吸收，向上输导，经木质部扩散至叶部，抑制敏感植物的叶绿素和胡萝卜素的合成，敏感植物虽能萌芽出土，但由于没有色素而成白苗，并在短期内死亡。

该药可用于大豆、马铃薯、烟草、油菜、水稻、花生、甘蔗等作物田，防除稗草、狗尾草、金狗尾草、马唐、牛筋草、苘麻、苍耳、龙葵、香薷、马齿苋、野西瓜苗、藜、狼把草、鬼针草等一年禾本科杂草和阔叶杂草，对多年生的刺儿菜、大蓟、苣荬菜、问荆等有较强的抑制作用。

大豆田播前、播后苗前土壤处理，或苗后茎、叶处理。土壤有机质含量3%以上，需与嗪草酮、乙草胺等混用，提高对反枝苋、铁苋菜、鼬瓣花等的防效，用量48%异噁草松乳油 750～1 050 mL/hm^2。

异噁草松在土壤中的生物活性可持续6个月以上，施药当年的秋天(即施药后4～5个月)或次年春天(即施药后6～10个月)都不宜种植小麦、大麦、燕麦、黑麦、谷子、苜蓿。施药后的次年春季，可种水稻、玉米、向日葵、棉花、花生等作物。雾滴飘移可导致周围某些植物药害，使叶片变白、变黄。异噁草松与乙草胺、精异丙甲草胺、嗪草酮、速收、异丙草胺等混用，用药量各为单用的1/2～1/3。

9. 噻吩磺隆

该药是磺酰脲类内吸传导型除草剂，通过作物的根、茎、叶吸收，用药一周后死亡，可用于小麦、大麦、玉米等禾谷类作物田及大豆等阔叶作物田，主要防除阔叶杂草，75%噻吩磺隆 15～30 g/hm^2，安全性好，毒性低，残效期短。

10. 草甘膦

草甘膦是一种内吸传导型广谱灭生性除草剂，在新开荒地(4.9 L/hm^2)及多年生杂草多的地块(5.0 L/hm^2)，于杂草出齐后大豆出苗前2～3 d喷施。其内吸传导作用强，能杀死植物的地下部分。

11. 咪唑乙烟酸

该药通过作物的根、茎、叶吸收，抑制植物生长致其死亡。可防除一年生禾本科杂草及阔叶杂草，对龙葵有特效，对大蓟、小蓟、苣荬菜等多年杂草有一定抑制作用。敏感作物有水稻、甜玉米、高粱、甜菜、马铃薯、向日葵、亚麻、白菜、番茄、茄子、辣椒、西瓜、甜瓜、香瓜、南瓜(白瓜)、大葱等。

12. 氯嘧磺隆

该药由作物的根、茎、叶吸收，向上、下传导。主要防除阔叶杂草，对大蓟、问荆、卷茎蓼及禾本科杂草有抑制作用。对龙葵、鸭跖草、繁缕效果差。大豆播后苗前用药20%氯嘧磺隆 60～75 g/hm^2。注意苗后使用易产生药害，一般不用。下茬不能种植水稻、甜菜、马铃薯、瓜类、蔬菜等敏感作物。

(三)苗后茎叶处理

防除禾本科杂草的化学除草剂有烯禾啶、精喹禾灵、精吡氟禾草灵、高效氟吡甲禾灵、烯草酮；防除阔叶杂草的化学除草剂有氟磺胺草醚、灭草松、三氟羧草醚、乙羧氟草醚、乳氟禾草灵；禾、阔兼防的化学除草剂有5%咪唑乙烟酸、甲氧咪草烟、异噁草松。

1. 烯禾啶、精喹禾灵、精吡氟禾草灵、高效氟吡甲禾灵、烯草酮

这几类除草剂可有效防除大豆田一年生及多年生禾本科杂草。烯禾啶可被杂草茎叶吸收，药后 3 d 杂草停止生长，5 d 心叶易抽出，7 d 心叶变褐，10～15 d 整株枯死。禾本科杂草 2～3 叶期施药最佳，用药量随叶龄增长而提高，一般 2～3 叶期 12.5%烯禾啶 1.0 L/hm^2，4～5 叶期 12.5%烯禾啶 1.5 L/hm^2，6～7 叶期 12.5%烯禾啶 2.0 L/hm^2。

2. 氟磺胺草醚

该药为触杀型化学除草剂，根、茎、叶吸收，主要防除大豆田一年生和多年生阔叶杂草，大豆 1～3 片复叶，杂草 2～4 叶期用药，用药量 25%氟磺胺草醚水剂 1.0～1.5 L/hm^2，对大豆安全；用 25%氟磺胺草醚水剂高剂量 4.0～8.0 L/hm^2（有效成分超过 60 g/667 m^2），在大豆苗前或苗后使用对杂草防效好，但在土壤中残效期长，对后茬的玉米、小麦、高粱、谷子、亚麻、甜菜、向日葵、油菜、白菜均有药害。大豆苗后茎叶处理，药后 4～6 h 遇雨不降低药效，残留叶部的药液被雨水冲入土壤中或喷洒落入土壤中的药剂也会被杂草根部吸收而杀死杂草。大豆苗后施药，可见叶部触杀性药斑。

3. 灭草松

灭草松为触杀型化学除草剂，主要防除阔叶杂草，对苍耳有特效。

4. 三氟羧草醚

该药为触杀型化学除草剂，主要防除一年生阔叶杂草，对多年生阔叶杂草有较强抑制作用。大豆 2 片复叶前，杂草 2～4 叶期（株高 5 cm 左右）用药，21.4%三氟羧草醚 1.0～1.5 L/hm^2。空气相对湿度低于 65%、气温低于 21℃、高于 27℃、土壤温度低于 15℃不宜使用。

5. 乙羧氟草醚

乙羧氟草醚是触杀型化学除草剂，在杂草体内传导作用很小，对杂草杀伤速度快，主要防除多种阔叶杂草，对一年生禾本科杂草有一定的抑制作用。大豆 2～3 片复叶、杂草 2～4 叶期用药，10%乙羧氟草醚 0.6～0.9 L/hm^2。安全性好于三氟羧草醚。

6. 乳氟禾草灵

该药是选择性触杀型、苗后茎叶处理化学除草剂，杂草通过茎叶吸收，在植物体内进行有限传导，抑制光合作用，通过破坏细胞膜的完整性而导致细胞内含物的流失，最后使杂草干枯死亡。在充足光照条件下，施药后 2～3 d 敏感的阔叶杂草叶片即可出现灼伤斑，并逐渐扩大。主要防除一年生阔叶杂草，对苣荬菜、蓟、问荆等多年生杂草有一定抑制作用。大豆对乳氟禾草灵有耐药性，但用量过高或遇不良环境条件下，如高温、低温、高湿、低洼地排水不良、田间长期积水、病虫危害等，大豆易受药害，症状为叶片皱缩，有灼伤斑点，一般 1～2 周后大豆恢复正常生长，对产量影响不大。大豆 1～2 片复叶、杂草 2～4 叶期用药，24%乳氟禾草灵乳油用量 0.45～0.6 L/hm^2。杂草小，水分适宜用低药量；杂草大，水分条件差用高限药量。

7. 克莠灵（44%灭草松＋三氟羧草醚）

该药由杂草茎叶吸收，大豆 1～2 片复叶、杂草 2～3 叶期、鸭跖草 3 叶期以前、杂草株高 5 cm 左右时施药，1.5～2.0 L/hm^2。

四、大豆田化学除草方法

大豆田化学除草的方式主要包括土壤处理和茎叶处理。土壤处理又分为播前土壤处理、秋施药和播后苗前土壤处理。

土壤处理的优点是将杂草消灭在萌芽期和造成危害之前，利于大豆前期生长，除草效果较稳定，成本低，若除草效果不佳苗后可补救。缺点是受土壤类型、土壤有机质含量、pH 等影响较大。土壤过于黏重、有机质含量过高、pH 不符合某种药剂的使用等情况时，不能采用土壤处理。

茎叶处理的优点是受土壤类型、有机质含量、土壤湿度影响较小，可根据已出土杂草种类选择适宜的化学除草剂，针对性强。缺点是在干旱少雨、空气湿度小和杂草生长缓慢的情况下除草效果不佳。有些化学除草剂在温度过高或过低时易产生药害。苗后茎叶处理必须在大多数杂草出土且具有一定附着药液的叶面积时才能进行，此时大豆前期生长已受到草害影响，造成减产。

(一)播后苗前土壤处理

播后苗前土壤处理主要是控制杂草出土，使一年生杂草在萌芽时触药中毒而死亡。为了提高药效的稳定性，应在喷药的同时混土 1～2 cm，但不能趟蒙头土，以免对大豆产生药害。

1.播后苗前土壤处理的药剂选择

土壤处理的药剂选择即要考虑大豆的耐药性又要考虑化学除草剂持效期的长短，对下茬作物是否有影响，同时也要了解田间杂草的种类。

(1)可选用的单剂　乙草胺、精异丙甲草胺、异丙甲草胺、异丙草胺、异噁草松、嗪草酮、2,4-D 丁酯、2,4-D 异辛酯等。

(2)混用配方

①90％乙草胺(1.7～1.95 L/hm^2)＋ 72％2,4-D 丁酯(0.8～1.0 L/hm^2)或 90％2,4-D 异辛酯(0.45～0.6 L/hm^2)；②50％异丙草胺(2.9～3.8 L/hm^2)＋72％2,4-D 丁酯(0.8～1.0 L/hm^2)或 90％2,4-D 异辛酯(0.45～0.6 L/hm^2)；③乙草胺＋2,4-D 丁酯＋75％噻吩磺隆；④乙草胺＋2,4-D 丁酯＋嗪草酮；⑤96％精异丙甲草胺(1.2～1.8 L/hm^2)＋50％丙炔氟草胺(75～90 g/hm^2)＋75％噻吩磺隆(20～30 g/hm^2)；⑥乙草胺＋嗪草酮＋异噁草松，在低洼地为提高对大豆的安全性，降低异噁草松用量，对后茬作物安全；⑦72％异丙甲草胺 500 g＋50％扑草净 150 g＋75％噻吩磺隆 10 g＋48％异噁草松 500 g；⑧氟乐灵＋灭草猛＋嗪草酮；⑨96％精异丙甲草胺(1.05～1.5 L/hm^2)＋ 70％嗪草酮(300～400 g/hm^2)；⑩90％乙草胺(1.7～1.95 L/hm^2)＋ 20％氯嘧磺隆(60～75 g/hm^2)。

2.播后苗前土壤处理技术

化学除草剂喷洒要均匀，选用扇形喷头，人工施药应顺垄施药，一次喷一垄，定喷头高度、压力、行走速度，不能左右甩施，以保证喷洒均匀；整地质量好，土地要平细；一般药剂在大豆播种后至出苗前 3～5 d 内施药。

(二)苗后茎叶处理

苗后用化学除草剂处理是一种根据前期灭草措施效果的好坏，视杂草的种类和多少而灵活应用的应变措施。在杂草 2～4 叶期适时喷药，能有效地消灭苗眼草。苗后防除阔叶杂草，选用乳氟禾草灵、三氟羧草醚、氟磺胺草醚、灭草松等。大豆苗后防除禾本科杂草，选用烯禾啶、吡氟禾草灵、吡氟甲禾灵等。

大豆苗后使用防除阔叶杂草的化学除草剂，要特别注意施药的时期和环境条件。三氟羧草醚不得超过大豆3片复叶期。过晚，对大豆有影响。环境条件不仅影响药效，而且影响大豆生育。在低洼地，由于长期积水、低温、高湿等因素影响，使用乳氟禾草灵、三氟羧草醚、氟磺胺草醚、咪唑乙烟酸、噻吩磺隆易造成严重药害，喷洒时应注意。

1. 影响大豆田苗后茎叶处理除草效果的因素

影响大豆田苗后茎叶处理效果的因素有施药时的温度、湿度、风速等气候条件。

(1)温度　施药时温度过高，一是杂草气孔关闭，叶片蜡质层增厚，影响对药剂的吸收，另外药剂挥发快，造成有效成分的损失，从而影响药效；二是大豆对触杀型化学除草剂，如三氟羧草醚、氟磺胺草醚、乳氟禾草灵、乙羧氟草醚等药剂的吸收快，易产生药害；施药时温度过低，大豆对内吸性除草剂，如咪唑乙烟酸等降解能力差，也容易产生药害。施用茎叶处理化学除草剂适宜的温度是15～25℃，低于13℃，高于28℃应禁止施药。

(2)空气相对湿度　在长期干旱条件下，杂草叶片气孔关闭，蜡质层加厚，影响药剂吸收，从而降低除草效果。施用茎叶处理化学除草剂，空气相对湿度低于65%就会影响药效。

(3)风速　风速过大会造成雾滴飘移、喷雾不匀，影响药效或造成药害，喷药时要求风速在每秒4 m以下。

黑龙江省旱田使用苗后茎叶处理化学除草剂一般在6月上、中旬用药，这期间上午10时至下午3时一般温、湿度条件都不符合施药要求，应在下午3时之后至上午10时之前喷药，晚间喷药最适宜。

遇高温干旱年份，即使在晚间也很难满足施药条件，高温干旱年份在药剂中加入有机硅助剂是提高药效的行之有效的办法之一。可在喷洒化学除草剂时加入有机硅助剂杰效利或透彻，杰效利或透彻可以降低药液表面张力，增加叶面对药液的黏着量。大大降低药液滚落地面的比例；增加雾滴在叶表面的扩展面积，增强渗透性，促进叶片对药剂的吸收；同时加入有机硅助剂还可使药液耐雨水冲刷。但三氟羧草醚、乳氟禾草灵、乙羧氟草醚等强触杀型除草剂不宜加有机硅助剂，避免产生药害。

黑龙江省多数农户没有注意到温、湿度及风速对药效及作物安全的影响，往往在不符合施药的气象条件下施药，而且没有加入有机硅助剂，导致药效不好或造成药害。

(4)喷雾器械及喷雾技术　苗后茎叶处理对喷雾器械及喷药作业要求较高，一般要求喷雾器气室内气压要达3～5个大气压，必须用扇形喷嘴，用100筛目滤网，每个喷嘴每分钟喷液量控制在0.4～0.8 L，雾滴直径250～300 mm，每公顷喷液量控制在150 L即可，茎叶处理加水量过多会使药剂大量滚落到土壤中造成浪费且会降低杀草效果。用背负式喷雾器喷药时必须匀速前进，顺垄前行，不可横向来回扫喷，否则易出药害或降低药效。拖拉机喷药时，行驶速度应控制在6～8 km/h，喷杆距地面高度控制在40～60 cm，必须加100筛目过滤网，否则容易堵喷头，造成漏喷。

黑龙江省喷施苗后茎叶处理除草剂在喷雾器选择及使用方面存在问题较大，主要表现在喷雾器压力不够、喷嘴及过滤网不合格、兑水量过大、作业人员行走及拖拉机行驶速度不匀等，这些问题对药效的影响较大。

(5)施药时期　大豆苗后除草一般都用防除禾本科杂草的药剂和防除阔叶杂草的药剂混配，以扩大杀草谱。防除禾本科杂草药剂多为高选择性内吸传导型除草剂，对大豆较安全，施药时期对药效影响较大。除阔剂多为触杀型，大豆不同生育期对药剂敏感程度不同，除阔剂施药时期除影响药效外，还涉及对大豆的安全性，一般在大豆子叶期(两片豆瓣刚出土期)不能用药；大豆1片复叶期可选用异噁草松、灭草松、氟磺胺草醚；大豆2片复叶期可选用异噁草松、氟磺胺草醚、灭草松、乳氟禾草灵、三氟羧草醚、乙羧氟草醚等药剂。一般施药均不能晚于大豆3片复叶期，特别是乳氟禾草灵、三氟羧草醚、乙羧氟草醚，如果在大豆2片复叶期后使用，大豆对药剂的抗性减弱，会加重药害，造成生育期拖后，贪青、晚熟。

苗后化学除草剂最佳施药时期在稗草3～5叶期、阔叶杂草2～4叶期(一般株高5 cm左右)，防除鸭跖草必须在3叶前，3叶后难防除。施药过早，杂草出苗不齐，后出杂草接触不到药剂不能被杀死；施药过晚，大豆的抗性减弱，杂草抗性增强，防除难度增大，需增加用药量，既增加了成本，又容易造成大豆药害。

2.黑龙江省大豆田苗后常用的茎叶处理除草剂

大豆苗后茎叶处理化学除草剂按防除对象可分为两大类，一类是防除一年生及多年生禾本科杂草的化学除草剂，另一类是防除一年生及多年生阔叶杂草的化学除草剂。因黑龙江省多数地区大豆田杂草群落都是禾本科杂草和阔叶杂草混生，所以在生产中多将两类化学除草剂混配应用，以扩大杀草谱，保证药效。

混用配方①烯禾啶＋咪唑乙烟酸＋灭草松；②12.5％烯禾啶(1.25～1.5 kg/hm^2)＋48％灭草松(1.5 kg/hm^2)＋21.4％三氟羧草醚(0.6～0.7 kg/hm^2)；③12.5％烯禾啶(1.25～1.5 kg/hm^2)或5％精喹禾灵(0.75～1.0 kg/hm^2)或15％精吡氟禾草灵(0.75～1.0 kg/hm^2)＋25％氟磺胺草醚(1～1.5 kg/hm^2)；④12.5％烯禾啶(0.75～1.0 kg/hm^2)或5％精喹禾灵(0.6 kg/hm^2)或精吡氟禾草灵(0.6 kg/hm^2)＋48％异噁草松(0.6～0.75 kg/hm^2)＋25％氟磺胺草醚(0.6～0.7 kg/hm^2)。

(三)秋施化学除草剂

秋施化学除草剂与秋施肥、秋起垄同等重要，是防除第二年春季杂草的有效措施，尤其是鸭跖草、野燕麦、苣荬菜、刺儿菜、问荆等杂草发生严重的地块，秋施化学除草剂是最有效的防除措施。

秋施化学除草剂比春季施用对大豆、玉米等安全，提高药效5％～10％，增产5％～8％，是同大豆三垄栽培、玉米地膜覆盖移栽、秋施肥、秋起垄相配套的新技术。

1.秋施除草剂的理论基础

用于土壤处理的化学除草剂的持效期受挥发、光解、化学和微生物降解、淋溶、土壤胶体吸附等因素影响。黑龙江省冬季严寒，微生物基本不活动，秋施化学除草剂相当于把化学除草剂放在室外贮存，其降解是微小的。

2.秋施化学除草剂的优点

春季杂草萌发就能接触到化学除草剂，因此，防除杂草效果好，如野燕麦、鸭跖草等；春季施药时期大风日数多，占全年大风日数的45％左右，空气相对湿度低，药剂飘移和挥发损失大，对土壤保墒也不利，秋施化学除草剂可避免由于春季风多、空气相对湿度低，药剂飘移和挥发损失大等问题；缓解了春季农机和人工紧张的局面，争得农时；增加对作物的安全性，秋施化学除草剂的保苗和产量明显高于春施。

3.秋施化学除草剂时间

秋季于9月下旬当气温降到10℃以下即可施药，最好在10月中、下旬气温降到5℃以下至封冻前。

4. 秋施除草剂的方法

施药前土壤达到播种状态，地表无大土块和植物残体，不可将施药后的混土耙地代替施药前的整地；施药要均匀，施药前要把喷雾器调整好，使其达到流量准确、雾化良好、喷洒均匀，作业中要严格遵守操作规程；混土要彻底，混土用双列圆盘耙，耙深 10～15 cm，施药机械行进速度每小时 6 km 以上，地要先顺耙一遍，再以同第一遍呈垂直方向耙一遍，耙深尽量深一些，耙后可起垄，注意不要把无药土层翻上来。

5. 秋施化学除草剂的用量

施用除草剂用量可比春施增加 10%～20%，岗地水分少可偏高。低洼地水分多可偏低。

6. 秋施化学除草剂的选用配方

(1)90%乙草胺 1.8～2.1 L/hm^2＋48%异噁草松 0.75～0.9 L/hm^2＋80%唑嘧磺草胺 45 g/hm^2(仅用于西部岗地)。

(2)90%乙草胺 1.8～2.1 L/hm^2＋48%异噁草松 0.75～0.9 L/hm^2＋50%丙炔氟草胺 90～120 g/hm^2(仅用于西部岗地)。

(3)96%精异丙甲草胺 1.3～1.95 L/hm^2＋80%唑嘧磺草胺 60～75 g/hm^2。

(4)96%精异丙甲草胺 1.2～1.8 L/hm^2＋48%异噁草松 0.8～1.0 L/hm^2。

(5)96%精异丙甲草胺 1.3～1.8 L/hm^2 或 72%异丙草胺 2.6～3.45 L/hm^2＋48%异噁草松 0.75～0.9 L/hm^2＋50%丙炔氟草胺 90～120 g/hm^2。

(6)96%精异丙甲草胺 1.3～1.8 L/hm^2 或 72%异丙草胺 2.6～3.45 L/hm^2＋48%异噁草松 0.75～0.9 L/hm^2＋80%唑嘧磺草胺 45 g/hm^2。

(7)96%精异丙甲草胺 1.3～1.8 L/hm^2 或 72%异丙草胺 2.6～3.45 L/hm^2＋48%异噁草松 0.75～0.9 L/hm^2＋70%嗪草酮 300～400 g/hm^2(仅用于西部岗地)。

(8)72%异丙草胺 2.6～3.6 L/hm^2＋80%唑嘧磺草胺 60～75 g/hm^2。

(9)72%异丙草胺 2.6～3.45 L/hm^2＋48%异噁草松 0.8～1.0 L/hm^2。

(10)90%乙草胺 2.2～2.5 L/hm^2＋50%丙炔氟草胺 120～180 g/hm^2。

(11)90%乙草胺 1.2～1.6 L/hm^2＋48%异噁草松 0.6～0.75 L/hm^2＋50%丙炔氟草胺 70～90 g/hm^2。

(12)90%乙草胺 1.6～2.2 L/hm^2＋50%丙炔氟草胺 70～90 g/hm^2＋75%噻吩磺隆 15～20 g/hm^2。

(13)90%乙草胺 1.6～2.2 L/hm^2＋48%异噁草松 0.6～0.75 L/hm^2＋75%噻吩磺隆 15～20 g/hm^2。

(14)90%乙草胺 1.6～2.2 L/hm^2＋75%噻吩磺隆 15～20 g/hm^2＋70%嗪草酮 300～400 g/hm^2。

(15)50%咪唑乙烟酸 750 mL/hm^2＋48%异噁草松 600～750 mL/hm^2＋72%异丙甲草胺或 72%异丙草胺 1.0～1.5 L/hm^2(1.5～2.2 L/hm^2)(仅适用于大豆、小麦、玉米轮作区)。

(16)50%咪唑乙烟酸 750 mL/hm^2＋90%乙草胺 1.1～1.5 L/hm^2(仅适用于大豆、小麦、玉米轮作区)。

(17)80%唑嘧磺草胺 30 g/hm^2＋72%异丙甲草胺或 72%异丙草胺 2.0～2.5 L/hm^2(2.2～3.6 L/hm^2)＋48%异噁草松 0.6～0.75 L/hm^2。

(18)80%唑嘧磺草胺 30 g/hm^2＋48%异噁草松 0.6～0.75 L/hm^2＋90%乙草胺 1.5～

2.1 L/hm²。

(19)48%异噁草松 0.8～1.0 L/hm²+90%乙草胺 1.5～2.1 L/hm²。

(20)72%异丙甲草胺或 72%异丙草胺 1.5～2.0 L/hm²(2.2～3.6 L/hm²)+48%异噁草松 0.6～0.75 L/hm²+50%丙炔氟草胺 70～90 g/hm²。

(21)72%异丙甲草胺或 72%异丙草胺 1.5～2.5 L/hm²(2.2～3.6 L/hm²)+48%异噁草松 0.6～0.75 L/hm²+75%噻吩磺隆 15～20 g/hm²。

(22)72%异丙甲草胺或 72%异丙草胺 2.0～2.5 L/hm²(2.2～3.6 L/hm²)+50%丙炔氟草胺 70～90 g/hm²+75%噻吩磺隆 15～20 g/hm²。

(23)72%异丙甲草胺或 72%异丙草胺 1.5～2.0 L/hm²(2.2～2.9 L/hm²)+48%异噁草松 0.6～0.75 L/hm²+70%嗪草酮 300～400 g/hm²。

(24)72%异丙甲草胺或 72%异丙草胺 2.5～3.5 L/hm²(3.6～5 L/hm²)+50%速收 120～180 g/hm²。

(25)72%异丙甲草胺或 72%异丙草胺 2.5～3.0 L/hm²(3.6～4.3 L/hm²)+48%异噁草松 0.8～1.0 L/hm²。

(四)大豆田难治杂草防治配套技术

大豆田杂草危害特点是苣荬菜、刺儿菜、鸭跖草为大豆主产区优势种群，占杂草发生总量的 90%以上，危害严重，防治困难，俗称“三菜”。

1. 刺儿菜、大刺儿菜、苣荬菜

刺儿菜、大刺儿菜为多年生草本植物，主要靠根茎繁殖，根系极发达，深入地下达 2～3 m，根上生有大量的芽。苣荬菜、刺儿菜、大刺儿菜耐干旱、抗盐碱、抗药性强，防治困难。大豆出苗后，苣荬菜、刺儿菜三叶期前是最佳防除时期。

(1)苗前　大豆播后苗前可用 48%异噁草松 2～2.5 L/hm²(最好拱土期施药)；或 80%唑嘧磺草胺 60～75 g/hm²；或 80% 2,4-D 丁酯 0.6 L//hm²+48%异噁草松 1 L/hm² 防除“三菜”杂草。

早春先于大豆出土的苣荬菜、刺儿菜，在大豆拱土前，用 41%草甘膦 300～400 mL/667 m²，兑水 10～20 kg，茎叶喷雾，可将其连根杀死。

(2)大豆苗后 2 片复叶期　此期可用 48%灭草松 3 L/hm²；或 25%氟磺胺草醚 1.5 L/hm²；或 48%异噁草松 1 L/hm²+25%氟磺胺草醚 1.2 L/hm²；或 48%异噁草松 1 L/hm²+48%灭草松 2.5 L/hm² 防除“三菜”杂草。

(3)正常年份，当大豆 2～3 片复叶时，田间的刺儿菜、苣荬菜、鸭跖草大多在 4 片叶以上，已过了最佳防除时期。应采用综合防治，选用多品种进行合理搭配，仍能有效地控制其对作物的为害。①48%异噁草松 50～70 mL/667 m²+25%氟磺胺草醚 70～100 mL/667 m²+10%乙羧氟草醚 20～30 mL/667 m²；②48%异噁草松 50～70 mL/667 m²+48%灭草松 100～130 mL/667 m²+10%乙羧氟草醚 20～30 mL/667 m²；③25%氟磺胺草醚 70～100 mL/667 m²+48%灭草松 100～130 mL/667 m²+10%乙羧氟草醚 20～30 mL/667 m²。

(4)大豆生长后期的大龄苣荬菜、刺儿菜多数高于大豆，用草甘膦 5～10 倍的浓药液涂抹，可将苣荬菜、刺儿菜连根杀死。

(5)秋季，在大豆成熟以后，“三菜”生长仍然非常旺盛，可选用草甘膦 25～50 倍液直接喷雾,可以将“三菜”连根杀死,此法简便易行。

2.鸭跖草(兰花菜)

(1)播后苗前　大豆田可秋施药,或春季播前及播后苗前施药,施药后最好浅混土或起垄种大豆,施药后培土 2 cm。可选用的药剂有 48%异噁草松 1 500～2 000 mL/hm^2(拱土期施药最好);5%咪唑乙烟酸 1 500 mL/hm^2(拱土期施药最好);96%金异丙甲草胺 1 500～2 250 mL/hm^2;72%异丙甲草胺 3 000～3 750 mL/hm^2;75%噻吩磺隆 25～30 g/hm^2;80%唑嘧磺草胺 60～75 g/hm^2;50%丙炔氟草胺 150～180 g/hm^2。

(2)苗后早期　大豆苗后真叶期到 1 片复叶期,鸭跖草 3 叶期以前。黑龙江省早春气温低,鸭跖草出苗早,生长发育比大豆快,大豆真叶期至一片复叶期,鸭跖草叶龄到 3 叶期,可用氟磺胺草醚或灭草松与异噁草松混用,加喷雾助剂药效更好。可采用 25%氟磺胺草醚 0.9～1 L/hm^2+48%异噁草松 0.7～1 L/hm^2;48%灭草松 1.5 L/hm^2+48%异噁草松 1 L/hm^2。

(3)苗后　大豆 2 片复叶期,防治 4～5 叶有分枝的大龄鸭跖草,最好采用 2 次施药,考虑到对大豆的安全性,第一次选用灭草松+异噁草松或氟磺胺草醚+异噁草松,间隔期 5～7 d,第二次用灭草松,最好加化学除草剂喷雾助剂。

3.苍耳(老苍子)

苍耳的种子很大,所以封闭化学除草剂对其防效都不好,最好采用苗后茎叶处理剂防除。用 48%灭草松 150～200 mL/667 m^2,兑水 10～20 kg,茎叶喷雾,可有效防除苍耳。

4.问荆(节骨草)

深翻整地,可消灭田间 70%～80%的问荆,通过翻耙整地可将问荆地下根茎切断,易于用化学除草剂防治。适时晚播,在大豆出苗前问荆出苗后,72% 2,4-D 丁酯 40 g/667 m^2,兑水 10～20 kg,茎叶喷雾,可有效防除已出土的问荆。也可在大豆 1～3 片复叶期,用 25%氟磺胺草醚 100～120 mL/667 m^2,兑水 10～20 kg,茎叶喷雾。

5.野黍

可用 15%精吡氟禾草灵 1 200～1 500 mL/hm^2;10.8%高效氟吡甲禾灵 525～600 mL/hm^2;5%精喹禾灵 1 500 mL/hm^2;25%烯禾啶 750 mL/hm^2;24%烯草酮 265～300 mL/hm^2 防除。

6.金狗尾草

可用 15%精吡氟禾草灵 70～100 mL/667 m^2;10.8%高效氟吡甲禾灵 30～35 mL/667 m^2;5%精喹禾灵 80～100 mL/667 m^2;25%烯禾啶 50 mL/667 m^2;24%烯草酮 15～20 mL/667 m^2;5%咪唑乙烟酸 100 mL/667 m^2 防除。

7.芦苇、狗尾草等禾本科杂草

若田间芦苇较多,早期较小时可用 24%烯草酮 20～30 mL/667 m^2,兑水 10～20 kg,茎叶处理。后期芦苇较大株高超过 60 cm 时,可用草甘膦或精吡氟禾草灵稀释 5～10 倍的浓药液涂抹。

若狗尾草、碱草、马唐、野黍等较小时,可用 5%精喹禾灵 50～70 mL/667 m^2 防除,较大时可用 24%烯草酮 20～30 mL/667 m^2 进行防除。若稗草较多,选用对稗草及大龄稗草有特效的 25%烯禾啶 40～60 mL/667 m^2 进行防除。

项目三　玉米田杂草治理

一、玉米田常见杂草种类

玉米田常见杂草种类较多,不同地区、不同地块杂草种类各不相同。禾本科杂草主要有稗草、金狗尾草、绿狗尾草、野黍、马唐、芦苇、香附子等;阔叶杂草主要有藜、龙葵、苘麻、苋、铁苋菜、马齿苋、香薷、苍耳、野西瓜苗、鬼针草、卷茎蓼、水棘针、繁缕、问荆、苣荬菜、刺儿菜、鸭跖草、小旋花、打碗花、皱叶酸模等。

二、玉米田化学除草

玉米田苗前防治禾本科杂草的化学除草剂主要有乙草胺、精异丙甲草胺、异丙甲草胺、异丙草胺、丁草胺、莠去津;防治阔叶杂草的化学除草剂主要有75%噻吩磺隆、80%唑嘧磺草胺、72%2,4-D丁酯、90%2,4-D异辛酯、嗪草酮、磺草酮等。

(一)苗前防除一年生禾本科杂草和部分阔叶杂草

1.90%乙草胺

该药用于大豆、玉米田防除一年生禾本科杂草和小粒种子阔叶杂草。播前或播后苗前土壤处理,主要通过杂草幼芽吸收(单子叶植物胚芽鞘吸收;双子叶植物下胚轴吸收后向上传导,根也可少量吸收,但传导速度慢)。播后苗前最好在播种后出苗前3～5 d施药,大豆拱土期施药会造成药害。用药量根据土壤类型、有机质含量适当调整,一般土质黏重、含水量低的地块应适当增加用药量。播后苗前,土壤有机质含量6%以下,90%乙草胺用量1 400～1 900 mL/hm^2;土壤有机质含量6%以上,90%乙草胺用量1 900～2 500 mL/hm^2。

2.96%精异丙甲草胺

此药可用于玉米、大豆、甜菜、烟草、西瓜、甜瓜、南瓜、马铃薯、向日葵、红小豆、绿豆、高粱、花生、棉花、油菜(移栽田)、芝麻、万寿菊、水稻移栽田(南方)、甘蓝、花椰菜、白菜、韭菜、大蒜、洋葱、辣椒(甜辣)、茄子、番茄、芹菜、胡萝卜、豆类蔬菜(子叶出土的菜豆)、毛豆、豌豆、蚕豆、扁豆、姜、亚麻、红麻、甘蔗等作物田,以及果园、苗圃等。播前、播后苗前土壤喷雾,主要防除稗草、狗尾草、金狗尾草、野黍、水棘针、香薷、马齿苋、繁缕、藜、反枝苋、猪毛菜等一年生禾本科杂草及部分阔叶杂草。单独施用该药时,要根据土壤条件有所区别,用药量:土壤有机质含量3%以下,沙质土750～1 200 mL/hm^2、壤质土1 050～1 200 mL/hm^2、黏质土1 500 mL/hm^2;土壤有机质含量3%以上,用药量沙质土1 050～2 100、壤质土1 500 mL/hm^2、黏质土1 800～2 250 mL/hm^2。注意土壤有机质含量高或土质黏重时使用上限,土壤有机质含量低或壤质土时用下限。施药时天气干旱或土壤含水量低时用上限,施药时降雨或土壤含水量高时用下限。在干旱条件下,施药后最好浅混土。施药时气温最好在10℃以上,气温低于10℃,精异丙甲草胺活性差,防效差。小粒种子繁殖的一年生蔬菜如苋、香菜、西芹等对精异丙甲草胺敏感,不宜使用。覆盖地膜的作物,应在覆膜以前喷药,然后盖膜,用药量应选择下限。

3.72%异丙甲草胺

该药施用时注意土壤有机质含量3%以下时,用量为1 420～2 800 mL/hm^2;土壤有机质含量3%以上时,用量为2 100～3 500 mL/hm²。

4.72%异丙草胺

该药施用时注意土壤有机质含量3%以下时,用量为1 420～2 800 mL/hm²;土壤有机质含量3%以上时,用量为2 100～3 500 mL/hm²。

5.莠去津

此药属三氮苯类内吸选择性苗前、苗后除草剂。可芽前土壤处理,也可芽后茎叶处理。根吸收为主,茎叶也可吸收(很少)。通过根部吸收后向上传导,抑制植物的光合作用。杀草谱较广,可防除多种一年生禾本科杂草和阔叶杂草,如马唐、稗草、狗尾草、莎草、看麦娘、蓼、藜、十字花科和豆科杂草,对某些多年生杂草也有一定抑制作用。易被雨水淋洗至土壤较深层,对某些深根杂草亦有效,但易产生药害,持效期也较长。适用于玉米、高粱、甘蔗、果树、苗圃、林地等旱作物田。莠去津是芽前土壤处理除草剂,也可进行茎叶处理,使用中干旱对药效发挥影响较大,杀草谱较广,主要作用于双子叶植物,侧重封闭,对大草防除效果不理想。尤其对玉米有较好的选择性(因玉米体内有解毒机制)。杀草作用和选择性同西玛津。

莠去津持效期长,对后茬敏感作物小麦、大豆、水稻等有药害。可通过减少用药量,与其他除草剂混用解决。该药有效成分每公顷用量超过2 000 g,下茬只能种植玉米、高粱。下茬需间隔24个月才能种植菜豆、豌豆、番茄、洋葱、辣椒、茄子、白菜、萝卜、胡萝卜、卷心菜、甘蓝、黄瓜、南瓜、西瓜、油菜、马铃薯、向日葵、烟草、甜菜、亚麻、苜蓿、水稻、小麦、大豆、谷子、花生、甘薯、棉花等作物;桃树对莠去津敏感,不宜在桃园使用。玉米套种豆类不能使用;干旱对药效发挥影响较大;土表处理时,施药前土地要整平整细;施药后,各种工具要认真清洗。

(二)苗前防除阔叶杂草为主

1.90% 2,4-D异辛酯

此药属苯氧羧酸类除草剂。播后苗前施用,用量为750 mL/hm²。

2.72%2,4-D丁酯

此药属苯氧羧酸类激素型除草剂,微量(小于0.001%)时对植物有刺激生长作用,高浓度(大于0.01%)时抑制植物生长,使整个植物表现畸形症状,严重破坏植物的生理功能,甚至导致其死亡。敏感植物受害的叶片、叶柄和茎尖卷曲,茎基部变粗,肿裂霉烂。根部受害后变短变粗,根毛缺损,水分与营养物质吸收和传导受到影响,严重时可使全株死亡。如玉米田苗后使用2,4-D丁酯过量或过晚(适期为玉米4～6叶期)或自交系及某些敏感的单交种品种常引起药害,症状为叶片卷曲,形成葱状叶,雄穗很难抽出,茎脆而易折,叶色浓绿,严重的叶变黄,干枯,无雌穗。

3.75%噻吩磺隆

该药属磺酰脲类除草剂。用于大豆、玉米、杂豆等作物田。主要防除藜、苋、马齿苋、酸模叶蓼、鼬瓣花、荞麦蔓、苣荬菜、刺儿菜、野西瓜苗、地肤等一年生及多年生阔叶杂草。大豆、玉米播后苗前土壤处理,或玉米苗后茎叶喷雾处理,用药量75%干悬浮剂15～30 g/hm²,兑水450～750 L。土壤有机质含量高,土壤黏重,用药量高。与乙草胺等封闭药剂混用,可扩大杀草谱;干旱条件下,施药后,用中耕机培土2 cm,并及时整压。

该药是磺酰脲类内吸传导型、选择性苗后除草剂,是乙酰乳酸合成酶的抑制剂,可被杂草的叶、根吸收,在体内迅速传导,通过抑制植物的乙酰乳酸合成酶,阻止支链氨基酸的生物合成，从而抑制细胞分裂，使杂草停止生长而逐渐死亡（在药后 2～4 周死亡）。在土壤中分解迅速，施药 30 d 后对下茬作物无影响。

4.80%唑嘧磺草胺

此药是第一个商品化的磺酰脲类除草剂。用于大豆、玉米、小麦、苜蓿、三叶草等作物田防除各种阔叶杂草。防鸭跖草效果好。其是内吸传导型除草剂，根和叶片吸收，木质部和韧皮部传导，在植物分生组织内积累，蛋白质合成受阻，使植物停止生长最后死亡。

大豆、玉米播前或播后苗前均可使用，用药量 80%水分散粒剂 48～60 g/hm^2。也可与其他除草剂混用进行秋施药。玉米田最好播种后随即施药，一般 3 d 内施完。

其是长残留除草剂，药后第二年可种植大豆、玉米、小麦、大麦、水稻、高粱、马铃薯等作物，不能种植甜菜、油菜、亚麻、向日葵、西瓜、南瓜、番茄、辣椒、茄子、洋葱、白菜、胡萝卜、黄瓜等。

（三）苗前混用防除一年生禾本科杂草、阔叶杂草和部分多年生阔叶杂草

1.两种除草剂混用，播后苗前施用

（1）90%乙草胺 1.7～1.95 L/hm^2＋72%2,4-D 丁酯 0.8～1.0 L/hm^2。

（2）90%乙草胺 1.7～1.95 L/hm^2＋90%2,4-D 异辛酯 0.45～0.6 L/hm^2。

（3）90%乙草胺 1.5～2.2 L/hm^2＋70%嗪草酮 400～800 g/hm^2。

（4）90%乙草胺 1.7～1.95 L/hm^2＋38%莠去津 2～2.5 L/hm^2。

（5）90%乙草胺 1.7～1.95 L/hm^2＋75%噻吩磺隆 20～30 g/hm^2。

（6）90%乙草胺 1.5～2.2 L/hm^2＋80%唑嘧磺草胺 48～60 g/hm^2

（7）50%异丙草胺 2.7～3.75 L/hm^2＋72%2,4-D 丁酯 0.8～1.0 L/hm^2。

（8）50%异丙草胺 2.7～3.75 L/hm^2＋90%2,4-D 异辛酯 0.45～0.6 L/hm^2。

（9）50%异丙草胺 2.7～3.75 L/hm^2＋38%莠去津 2～2.5 L/hm^2。

（10）72%异丙草胺 1.5～3.50 L/hm^2＋80%唑嘧磺草胺 48～60 g/hm^2。

（11）96%精异丙甲草胺 0.8～2.1 L/hm^2＋75%噻吩磺隆 20～30 g/hm^2。

（12）96%精异丙甲草胺 0.8～2.1 L/hm^2＋80%唑嘧磺草胺 48～60 g/hm^2。

（13）96%精异丙甲草胺 1.0～1.8 L/hm^2＋70%嗪草酮 400～800 g/hm^2。

（14）72%异丙甲草胺 2.0～2.5 L/hm^2＋70%嗪草酮 600～750 g/hm^2。

2.3 种除草剂混用，播后苗前施用

（1）90%乙草胺 1.7～1.95 L/hm^2＋70%嗪草酮 450～600 g/hm^2＋72%2,4-D 丁酯 0.45～0.6 L/hm^2。

（2）90%乙草胺 1.5 L/hm^2＋70%嗪草酮 400～500 g/hm^2＋72%2,4-D 丁酯 0.35 L/hm^2。

（3）72%异丙草胺 2.7 L/hm^2＋70%嗪草酮 450～600 g/hm^2＋72%2,4-D 丁酯 0.45～0.6 L/hm^2。

（4）90%乙草胺 1.7～1.95 L/hm^2＋15%噻吩磺隆 180 g/hm^2＋72%2,4-D 丁酯 0.45～0.6 L/hm^2。

（5）72%异丙草胺 2.7 L/hm^2＋15%噻吩磺隆 180 g/hm^2＋72%2,4-D 丁酯 0.45～0.6 L/hm^2。

（6）90%乙草胺 1.7～1.95 L/hm^2＋38%莠去津 2 L/hm^2＋72%2,4-D 丁酯 0.45～0.6 L/hm^2

(7)90%乙草胺1.5 L/hm^2+38%莠去津2.25 L/hm^2+72% 2,4-D丁酯0.35 L/hm^2。

(8)72%异丙草胺2.7 L/hm^2+38%莠去津2 L/hm^2+72%2,4-D丁酯0.45~0.6 L/hm^2。

(9)96%异丙甲草胺0.75~1.0 L/hm^2+90%乙草胺1.0~1.2 L/hm^2+57%2,4-D丁酯0.8~1.0 L/hm^2。

(10)96%异丙甲草胺0.75~1.0 L/hm^2+90%乙草胺1.0~1.2 L/hm^2+70%嗪草酮600~750 g/hm^2。

(四)玉米苗后单用除草剂

苗后防除禾本科杂草的除草剂主要有烟嘧磺隆、莠去津;防除阔叶杂草的除草剂主要有苯唑草酮、硝磺草酮、2,4-D丁酯、2,4-D异辛酯、噻吩磺隆、辛酰溴苯腈、二甲四氯;禾、阔兼防的除草剂主要有硝磺·莠去津。

玉米苗后茎叶处理在玉米3~5叶期,尤其是烟嘧磺隆与2,4-D丁酯混用时,不能在玉米5叶期之后使用。

1.4%烟嘧磺隆悬浮剂

该药属磺酰脲类选择性、内吸传导型除草剂。可被茎叶和根吸收并迅速传导,通过抑制植物体内乙酰乳酸合成酶的活性,阻止支链氨基酸的合成,进而阻止细胞分裂,使敏感植物停止生长。杀草速度慢,一般药后3~4 d杂草可出现药害症状,整株枯死需10~20 d。杂草枯死后呈赤褐色。持效期30~35 d。烟嘧磺隆不但有好的茎叶处理活性,而且有土壤封闭作用。主要防除稗草、狗尾草、野黍等禾本科杂草以及藜、苋、蓼等部分一年生及多年生阔叶杂草。对稗草、狗尾草、野黍特效,对马唐、铁苋菜、苘麻、萹蓄防除效果差。对玉米的安全性不如硝磺草酮和苯唑草酮。

玉米苗后3~5叶期,一年生杂草2~4叶期,阔叶杂草2~4叶期,多年生杂草6叶期以前,多数杂草出齐时,4%烟嘧磺隆用量0.9~1.5 L/hm^2,兑水450~600 L均匀喷雾。尽量在玉米5叶期前施用,5叶期后易产生药害,施药时如遇高温也易发生药害。喷雾时,喷头要低,将药液均匀喷到杂草茎叶上。落到土壤表面的药剂,还有一定封闭除草作用。该药对后茬作物有药害,下茬可种植玉米、大豆、小麦。用有效成分60 g/hm^2,需间隔18个月才能种植甜菜、油菜、马铃薯、向日葵、亚麻、高粱;需间隔12个月才能种植水稻、花生。种植菠菜、小白菜等也有药害。

长期干旱、低温、空气湿度低于65%时不宜施药。不同玉米品种对烟嘧磺隆敏感性不同。其安全性顺序为马齿型>硬质型>爆裂玉米>黏玉米>甜玉米。甜玉米、黏玉米、爆裂玉米及玉米制种田敏感,勿用。普通玉米2叶以前、5叶以后对烟嘧磺隆敏感。用过有机磷类药剂后,要间隔7 d以上才能用烟嘧磺隆。上一年用过烟嘧磺隆的地块,不能种植高粱、马铃薯、甜菜、小白菜、菠菜等作物。杨树对烟嘧磺隆敏感,防止产生飘移药害。

2.莠去津

此药属三氮苯类除草剂。莠去津在玉米苗后很少单用,常与烟嘧磺隆、苯唑草酮、硝磺草酮等混用有明显的增效作用。在玉米4叶期,杂草2~3叶期,施用38%莠去津悬浮剂每亩用量1 500~2 250 g/hm^2。

3.苯唑草酮

该药属吡唑啉酮类内吸传导型、苗后茎叶处理除草剂,可被杂草的根系和地下部分吸收,并在植物体内向上、向下传导，作用速度快，施药后，杂草 2～3 d 内开始退绿、白化，白化组织逐渐坏死，杂草通常在用药 14 d 后死亡。安全性好，对几乎所有类型的玉米具有良好的选择性，包括常规玉米、甜玉米、糯玉米、爆裂玉米等。能在玉米苗后所有生长时期使用，一般玉米 2～4 叶期，杂草 2～5 叶期进行苗后茎叶处理，33.6％苯唑草酮悬浮剂用量 120～150 mL/hm^2，兑水 225～450 L/hm^2。该药属广谱性，能有效防除玉米田一年生禾本科杂草和阔叶杂草，对狗尾草、马唐、野黍、牛筋草有特效，对阔叶杂草的持留活性高于禾本科杂草。对香附子基本没有防效，对马唐的防效总体不如硝磺·莠去津，但对狗尾草的效果较硝磺·莠去津好。

该药能与有机磷，氨基甲酸酯类农药混用，不影响药效。与其他除草剂也有良好的兼容性(如二甲戊灵、麦草畏、三嗪类除草剂)。

4. 辛酰溴苯腈

该药为选择性、触杀型苗后茎叶处理除草剂，主要通过叶片吸收，在植物体内进行极有限的传导，通过抑制光合作用的各个过程，包括抑制光合磷酸化反应和电子传递，特别是光合作用的希尔反应，使植物组织迅速坏死，从而达到杀草目的，气温较高时加速叶片枯死。可用于玉米、高粱、亚麻、小麦、大麦、黑麦等作物田，防除藜、苋、蓼、龙葵、麦瓶草、苍耳、猪毛菜、田旋花、荞麦蔓等一年阔叶杂草。在小麦 3～5 叶期、玉米 2～8 叶期、阔叶杂草 2～4 叶期，用量 25％辛酰溴苯腈乳油 1.5～1.8 L/hm^2(冬小麦、夏玉米)、1.8～2.25 L/hm^2(春小麦、春玉米)，兑水 450～600 kg，茎叶喷雾。

注意勿在高温天气或气温低于 8℃或在近期内有严重霜冻的情况下用药，施药后需 6 h 内无雨；不宜与碱性农药混用，不能与肥料混用。

5. 75％噻吩磺隆

内吸传导型选择性除草剂，玉米 3～4 叶期、杂草 2～4 叶期，75％干悬剂 0.25～0.41 g/m^2 茎叶喷雾。

6. 2,4-D 丁酯

此药在玉米苗后 4～6 叶期施用，72％2,4-D 丁酯乳油用量 600～900 mL/hm^2，兑水 300 kg 左右进行茎叶喷雾。注意施药时期早于 4 叶期或晚于 6 叶期均敏感，有药害。玉米单交种对这类除草剂有抗药性，抗药性为黏玉米、爆裂玉米＜单交种＜双交种和农家种。因此，黏玉米、爆裂玉米不推荐使用。玉米新品种应做敏感性鉴定，鉴定不敏感再使用这类除草剂。

7. 10％、15％硝磺草酮

该药属三酮类选择性、内吸传导型除草剂。通过杂草的根和茎叶吸收，杂草吸收药剂后茎叶白化而死，杂草的死亡速度较快。主要防除藜、反枝苋、龙葵、香薷、铁苋菜、蓼、水棘针、苘麻、苍耳、苣荬菜、小蓟、稗草等。对阔叶杂草防效好于禾本科杂草。10％硝磺草酮乳油用量 1.2～1.5 L/hm^2，或 15％硝磺草酮乳油用量 0.9～1.05 L/hm^2。对玉米安全，可用于普通玉米、黏玉米、制种田，不能用于甜玉米、爆裂玉米。

该药不能用于甜玉米、爆裂玉米；使用过有机磷、氨基甲酸酯类杀虫剂的玉米对硝磺草酮敏感，两类药剂需间隔 7 d 以上使用；对阔叶杂草防效好于禾本科杂草；对狗尾草、野黍的防效不如烟嘧磺隆，对阔叶杂草的防效好于烟嘧磺隆，对玉米的安全性好于烟嘧磺隆。

8. 二甲四氯

此药属苯氧羧酸类选择性、内吸传导型除草剂，主要通过茎叶吸收。二甲四氯对玉米田问荆有特效。但在气温低、苗弱的情况下易产生药害，出现茎杆折断现象，应慎用。用量为 56％

2 甲 4 氯可溶粉 0.5 kg/hm^2。

9. 55%硝磺·莠去津乳油

此药为玉米田苗后早期茎叶除草剂，防治阔叶草和主要禾本科杂草。最显著的优势是安全性好，推荐用量、适期使用对玉米无药害。杀草快速，用药 3～4 d 后即可见效，有利于发挥玉米的增产潜力。春玉米 1 500～2 250 mL/hm^2，夏玉米 80～120 mL/667 m^2，兑水 15～30 L 喷雾，若用小孔喷片喷雾，喷液量 15 L/667 m^2 即可，并按喷水量 0.3%～0.5%加入专用助剂。施药时期为阔叶杂草 2～4 叶期，禾本科杂草 1～3 叶期。药后 3 h 遇雨不影响效果，一季作物最多用一次。后茬种植甜菜、烟草、蔬菜、豆类、油菜、苜蓿等作物需先做试验后种植。十字花科作物及豆类敏感，防止飘移药害。

（五）玉米苗后混用除草剂

1. 两种除草剂混用，于玉米苗后施用

(1)4%烟嘧磺隆 1.0 L/hm^2＋72%2,4-D 丁酯 0.3～0.75 L/hm^2。

(2)4%烟嘧磺隆 1.0 L/hm^2＋38%莠去津 1.5～2.0 L/hm^2。

(3)90%乙草胺 1.5 L/hm^2＋38%莠去津 2.0 L/hm^2。

(4)15%磺草酮 0.96～1.02 L/hm^2＋莠去津 1.5～1.8 L/hm^2。

(5)10%甲基磺草酮 1.0 L/hm^2＋38%莠去津 1.8～2.0 L/hm^2。

(6)30%苯唑草酮 150 mL/hm^2＋72%2,4-D 丁酯 300 mL/hm^2。

(7)30%苯唑草酮 75～112.5 mL/hm^2＋90%莠去津水分散粒剂 1 050～1 575 g/hm^2。

(8)25%辛酰溴苯腈 1.5 L/hm^2＋38%莠去津 1.8～2.0 L/hm^2。

2. 三种除草剂混用，于玉米苗后施用

(1)55%硝磺·莠去津 1.5 L/hm^2＋4%烟嘧磺隆 0.5 L/hm^2＋2,4-D 丁酯 25 mL/hm^2。

(2)烟嘧磺隆＋2,4-D 丁酯＋乙草胺。

(3)硝磺草酮＋2 甲 4 氯＋2,4-D 丁酯。

(4)硝磺草酮＋烟嘧磺隆＋莠去津。

三、玉米田难治杂草防除

1. 皱叶酸模

90%2,4-D 异辛酯 450～600 mL/hm^2 于播后苗前施用；75%噻吩磺隆 15 g/hm^2，玉米苗后 3～5 叶期施用。

2. 苣荬菜、刺儿菜、苍耳、卷茎蓼

可用 55%硝磺·莠去津 1 200～1 800 mL/hm^2；或 48%灭草松 2 500～3 000 mL/hm^2 防除。

3. 香附子

可用 48%灭草松 2 500～3 000 mL/hm^2 进行防除。

四、秋施药

(1)72%异丙甲草胺或 72%异丙草胺 2.5～3.0 L/hm^2(3.6～4.3 L/hm^2)＋70%嗪草酮 500～700 g/hm^2。

(2)72%异丙甲草胺或72%异丙草胺2.5～3.0 L/hm²(3.6～4.3 L/hm²)+75%噻吩磺隆15～20 g/hm²+70%嗪草酮400～500 g/hm²。

(3)90%乙草胺1.9～2.2 L/hm²+70%嗪草酮500～700 g/hm²。

(4)90%乙草胺1.9～2.2 L/hm²+75%噻吩磺隆15～20 g/hm²+70%嗪草酮400～500 g/hm²。

(5)80%唑嘧磺草胺30 g/hm²+72%异丙甲草胺或72%异丙草胺2.5～3.5 L/hm²(3.6～5 L/hm²)。

(6)80%唑嘧磺草胺30 g/hm²+90%乙草胺2.0～2.5 L/hm²。

(7)96%精异丙甲草胺1.2～1.5 L/hm²+70%嗪草酮500～700 g/hm²(仅用于土壤有机质含量大于2%土壤)。

(8)72%异丙草胺2.6～3.0 L/hm²+70%嗪草酮400～500 g/hm²(仅用于土壤有机质含量大于2%土壤)。

(9)90%乙草胺1.9～2.2 L/hm²+70%嗪草酮500～700 g/hm²(仅用于土壤有机质含量大于2%土壤)。

(10)90%乙草胺1.9～2.2 L/hm²+80%唑嘧磺草胺60～75 g/hm²。

(11)72%异丙草胺2.6～3.6 L/hm²+80%唑嘧磺草胺60～75 g/hm²。

(12)96%精异丙甲草胺1.3～1.95 L/hm²+80%唑嘧磺草胺60～75 g/hm²。

项目四　麦田杂草治理

一、麦田常见杂草

麦田常见杂草有野燕麦、看麦娘、硬草、菵草、棒头草等。

二、麦田常用除草剂品种

阔叶杂草是麦田防治的重点，所以麦田除草以苗后茎叶处理为主。

防治阔叶杂草常用72%2,4-D丁酯乳油。部分地区野燕麦发生较重，防治野燕麦常用燕麦畏，春施秋施均可，药效稳定，对小麦有刺激增产作用，苗后用精噁唑禾草灵、野燕枯。除此以外还可根据杂草发生情况选用72%2,4-D丁酯、90%2,4-D异辛酯、75%苯磺隆干悬浮剂、二甲四氯、燕麦畏、炔草酸、6.9%精噁唑禾草灵乳油、灭草松等。

1.72%2,4-D丁酯

此药主要防除麦田阔叶杂草，用药量0.75～0.9 L/hm²，于小麦分蘖末期至拔节初期、阔叶杂草3～5叶期兑水300～450 L/hm²均匀喷雾。注意要在无风天喷药，防止雾滴随风飘移到邻近的敏感作物上造成药害，如大豆、向日葵、瓜类、蔬菜等。喷雾器用完后要用碱水洗净，然后再用清水冲洗多遍，防止药害。

2.90%2,4-D异辛酯

此药主要防除麦田阔叶杂草，用药量0.45～0.6 L/hm²，兑水300～450 L/hm²。小麦4～5叶期至分蘖盛期茎叶喷雾。

3. 野燕枯、精噁唑禾草灵

这两种除草剂主要防除麦田以野燕麦为主的禾本科杂草。在杂草3～5叶期使用，用药量6.9%精噁唑禾草灵0.6～0.75 L/hm^2，64%野燕枯1.8～2.25 kg/hm^2，兑水300～450 L/hm^{2}均匀喷雾。

4. 75%噻吩磺隆

75%噻吩磺隆10～15 g/hm^2，兑水450 kg，麦田均匀喷雾除草。

5. 炔草酸

该药主要用于小麦田防除野燕麦、看麦娘、硬草、菵草、棒头草等一年生禾本科杂草。用药量15%炔草酸可湿性粉剂20～30 g/667 m^2，苗后茎叶处理。是新一代含氟高效除草剂，耐低温、耐雨水冲刷、使用适期宽、对小麦及后茬作物安全等。注意大麦和燕麦田不能使用；在土壤中迅速降解，在土壤中基本无活性，对后茬作物安全；最好用扇形喷嘴，兑水量15～30 L/667 m^2；一季作物最多施用一次。

三、麦田化学除草剂使用技术

1. 阔叶杂草为主的地块

80% 2,4-D丁酯450～675 mL/hm^2，兑水150～300 kg，茎叶喷雾。

2. 野燕麦、看麦娘等禾本科杂草为主的地块

(1)40%燕麦畏3 000 mL/hm^2，兑水450～600 kg，播前土壤处理。

(2)6.9%精噁唑禾草灵450～600 mL/hm^2，兑水150～300 kg，进行茎叶喷雾处理。

(3)64%野燕枯1 800～2 250 mL/hm^2，兑水150～300 kg，茎叶喷雾。

3. 禾本科杂草与阔叶杂草混生的地块

80% 2,4-D丁酯450～6 255 mL/hm^2 + 6.9%精噁唑禾草灵450～600 mL/hm^2，兑水150～300 kg，进行茎叶喷雾处理。

4. 注意事项

(1)正确选择用药时期，避免在分蘖期用药。

(2)施用2,4-D丁酯等飘移性较强的除草剂，应选择在上午露水干后或下午3～6时施药，并保留适宜的安全隔离区不喷雾，以防飘移。

项目五　马铃薯田杂草治理

一、常用化学除草剂品种

1. 苗前(土壤处理)

马铃薯田苗前可用乙草胺、精异丙甲草胺、异丙甲草胺、嗪草酮、异噁草松、砜嘧磺隆、氟乐灵、甲草胺等进行防除。

2. 苗后(茎叶处理)

马铃薯田苗后可用烯草酮、精吡氟禾草灵、烯禾啶、精喹禾灵、精噁唑禾草灵、砜嘧磺隆等。也可用精噁唑禾草灵、高效氟吡甲禾灵、异丙草胺、二甲戊灵、灭草松进行茎叶施药防除。

二、马铃薯田杂草化学除草技术

马铃薯田化学除草以土壤封闭为主。

1.播前

播前可用氟乐灵、乙草胺、异丙甲草胺、异丙草胺进行土壤处理防除杂草。

(1)48%氟乐灵乳油 1 000～1 500 mL/hm^2+70%嗪草酮可湿性粉剂 350～700 g/hm^2。

(2)96%精异丙甲草胺 1 500～1 800 mL/hm^2 + 70%嗪草酮 525 g/hm^2,兑水 450～600 kg,土壤封闭。

(3)72%异丙草胺 1 500～3 000 mL/hm^2+70%嗪草酮 450～600 g/hm^2。

2.播后苗前

(1)90%乙草胺 1 000～1 800 mL/hm^2+70%嗪草酮 450～600 g/hm^2。

(2)96%精异丙甲草胺乳油 800～1 000 mL/hm^2+ 70%嗪草酮 450～600 g/hm^2+90%乙草胺 800～1 000 mL/hm^2。

(3)96%异丙甲草胺乳油 800～1 000 mL/hm^2+ 70%嗪草酮 450～600 g/hm^2。

(4)48%异噁草松 300～450 mL/hm^2+70%嗪草酮 450～600 g/hm^2,兑水 450～600 kg,全田均匀喷雾。

(5)90%乙草胺 1.7～1.95 L/hm^2+50%扑草净 0.9～1.2 kg/hm^2,兑水 300～450 kg,均匀喷雾。

(6)80%炔恶草酮 6 g/667 m^2+90%乙草胺 100 mL/667 m^2。

3.苗后

(1)马铃薯拱土期到株高 12 cm 前。可用 12.5%烯禾啶 1 200～1 500 mL/hm^2(或 10.8%高效氟吡甲禾灵 375～525 mL/hm^2、5%精喹禾灵 750～1 500 mL/hm^2、12%烯草酮 525～600 mL/hm^2、15%精吡氟禾草灵 750～1 200 mL/hm^2)+70%嗪草酮 450～600 g/hm^2(或 48%灭草松)茎叶喷施防除。

(2)马铃薯苗 5～7 叶期。25%砜嘧磺隆水分散粒剂 70～120 g/hm^2,马铃薯苗 5～7 叶期,杂草 2～4 叶期,茎叶喷施防除。

(3)防除稗草等禾本科杂草,25%烯禾啶植物油乳油 600～900 mL/hm^2,或 5%精喹禾灵 EC750～1 050 mL/hm^2,兑水 150～300 kg,茎叶喷雾;防除马唐、狗尾草、野黍、碱草等,烯草酮 300～450 mL/hm^2,兑水 150～300 kg,茎叶喷雾;防除大龄芦苇,精吡氟禾草灵 1 500～1 800 mL/hm^2,兑水 150～300 kg,茎叶喷雾;防除较小禾本科杂草,5%精喹禾灵乳油 750～1 050 mL/hm^2,茎叶喷雾。

项目六　南瓜田杂草治理

一、南瓜田杂草

南瓜田主要的杂草有马唐、狗尾草、千金子、稗、刺儿菜、铁苋菜、反枝苋、凹头苋、画眉草、看麦娘、牛繁缕、铁苋菜、卷耳、碎米莎草、猪殃殃、马齿苋、龙葵、藜、荠菜、打碗花、酸模叶蓼等。

二、南瓜田常用化学除草剂

南瓜类对农药比较敏感，能用于南瓜田的化学除草剂仅有精异丙甲草胺、异丙甲草胺、高效氟吡甲禾灵、精吡氟禾草灵、精喹禾灵、烯禾啶、快乐通、精噁唑禾草灵、草甘膦等，特别是防治阔叶杂草的除草剂很少。因此，除草要注重结合栽培、机械等综合防除措施。

1. 直播田苗前

可用33%二甲戊灵乳油3 000～4 500 mL/hm^2（200～300 mL/667 m^2）进行土壤施药防除。

2. 直播田播后苗前，移栽田移栽前

(1)用96%精异丙甲草胺100～120 mL/667 m^2 进行土壤封闭，防除一年生禾本科和部分阔叶杂草。

(2)用96%精异丙甲草胺100～120 mL/667 m^2＋75%噻吩磺隆1～1.5 g/667 m^2，土壤封闭，防除一年生禾本科杂草和部分阔叶杂草。

3. 南瓜（西瓜、甜瓜）苗后

禾本科杂草3～5叶期，可选用高效氟吡甲禾灵、精吡氟禾草灵、精喹禾灵、烯禾啶、快乐通、精噁唑禾草灵等茎叶处理，防除多种杂草。

4. 苗后定向喷雾

南瓜苗后6叶期以后至茎长到50 cm左右，行间一年生杂草和多年生杂草发生时，可用灭生性除草剂定向喷雾，喷雾时降低喷头高度，切忌药液雾滴接触南瓜苗，以免产生药害。

(1)41%草甘膦1 500～3 000 mL/hm^2，防一年生杂草。

(2)41%草甘膦4 500～6 000 mL/hm^2，防多年生杂草。

项目七　甜菜田杂草治理

一、甜菜田常用化学除草剂

土壤处理药剂主要是精异丙甲草胺、异丙甲草胺、异丙甲草胺等；茎叶处理剂主要有烯禾啶、烯草酮、精喹禾灵、精吡氟禾草灵、高效氟吡甲禾灵、甜菜宁等。

二、甜菜田化学除草技术

甜菜田化学除草应以移栽前土壤封闭处理为主，苗后茎叶处理为辅。

(一)直播田

1. 播前土壤处理，74%环草特，采用混土施药法施药。

2. 播后苗前土壤处理，用96%精异丙甲草胺乳油100～120 mL/667 m^2，进行土壤封闭处理，可有效防除禾本科杂草及小粒种子阔叶杂草。

(二)移栽田

1. 甜菜移栽前

(1)96%精异丙甲草胺乳油 100～120 mL/667 m^2,兑水 20～30 kg/667 m^2,土壤喷雾,施药后 2～3 d 移栽。若阔叶杂草多,可与杀阔剂混用。

(2)72%异丙甲草胺 150～200 mL/667 m^2,若田间杂草较多,可与 41%草甘膦 150～200 mL/667 m^2 混用,兑水 30～40 kg/667 m^2,全田均匀喷雾。

2. 甜菜移栽后,禾本科杂草 3～5 叶期

用药有烯禾啶、精吡氟禾草灵、精喹禾灵、精噁唑禾草灵、烯草酮、精喹禾灵、高效氟吡甲禾灵。

(1)稗草,12%烯禾啶 100 mL/667 m^2,兑水 10～20 kg/667 m^2,茎叶喷雾。

(2)马唐、狗尾草,12%烯草酮 30～35 mL/667 m^2,兑水 10～20 kg/667 m^2,茎叶喷雾。

(3)较小禾本科杂草,5%精喹禾灵 50～70 mL/667 m^2,兑水 10～20 kg/667 m^2,茎叶喷雾处理。

(4)大龄芦苇,15%精吡氟禾草灵 50～80 mL/667 m^2,兑水 10～20 kg/667 m^2,茎叶喷雾。

(5)禾本科杂草与阔叶杂草混生,可根据禾本科杂草种类选用相应的禾本科杂草除草剂与甜菜宁混用。16%甜菜宁 200 mL/667 m^2,兑水 10～20 kg,全田均匀喷雾。

(三)苗后防除阔叶杂草

16%甜菜宁 6 000～9 000 mL/hm^2,茎叶喷雾防除。

项目八　向日葵田杂草治理

一、向日葵田常用的化学除草剂及每公顷用药量

1. 播前混土处理

48%氟乐灵 1.5～2.25 L/hm^2。

2. 播前或播后苗前土壤处理

48%地乐胺 3.0～4.5 L/hm^2,土壤封闭。

3. 播后苗前土壤处理

(1)96%精异丙甲草胺乳油 1 500～1 800 mL/hm^2,土壤封闭。

(2)25%噁草酮 4.5～6.0 L/hm^2。

(3)50%扑草净 2 000～4 000 g/hm^2。

(4)33%二甲戊灵 3.75～4.5 L/hm^2。

4. 苗后茎叶处理,禾本科杂草 3～5 叶期

(1)高效氟吡甲禾灵、精喹禾灵、精吡氟禾草灵、烯草酮、精噁唑禾草灵。

(2)10.8%高效氟吡甲禾灵 375～525 mL/hm^2,防治多年生禾本科杂草用 600～900 mL/hm^2。

(3)5%精喹禾灵 750～1 000 mL/hm^2,防治多年生杂草用 1.5～2.0 L/hm^2。

(4)15%精吡氟禾草灵 750～1 000 mL/hm^2,防治多年生杂草用 1.5～2.0 L/hm^2。

(5)12%烯草酮 525～600 mL/hm^2,防治多年生禾本科杂草用 1 000～1 200 mL/hm^2。

(6)6.9%精噁唑禾草灵 750～1 050 mL/hm^2 或 8.05%精噁唑禾草灵用 600～900 mL/hm^2。

二、向日葵田的敏感除草剂及安全间隔期

1. 前茬用过咪唑乙烟酸用有效成分 75 g/hm^2 需间隔 18 个月可种向日葵。

2. 氯嘧磺隆用有效成分 15 g/hm^2 需间隔 18 个月可种向日葵。

3. 烟嘧磺隆用量超过有效成分 60 g/hm^2,即 4%烟嘧磺隆每亩超过 100 mL,需间隔 24 个月种向日葵。

4. 唑嘧磺草胺用量有效成分 48～60 g/hm^2,即 80%唑嘧磺草胺每亩 3.2～4 g,需间隔 18 个月种向日葵。

5. 氟磺胺草醚(虎威)每公顷用量有效成分 375 g,即 25%氟磺胺草醚每亩 100 mL,需间隔 24 个月种向日葵。

6. 甲磺隆用有效成分超过 7.5 g/hm^2 需要间隔 24 个月种向日葵。

7. 西玛津用有效成分超过 22～40 g/hm^2,即 50%西玛津每亩超过 300 g 需要间隔 24 个月种向日葵。

8. 莠去津用有效成分超过 2 000 g/hm^2,即 38%莠去津每亩超过 350 mL 需要间隔 24 个月种向日葵。

9. 绿磺隆用有效成分 15 g/hm^2 需要间隔 24 个月种向日葵。

10. 异噁草松(异噁草松)用量超过有效成分 700 g/hm^2,即 48%异噁草松每亩超过 100 mL,需要间隔 18 个月种向日葵。

项目九　烟草田杂草治理

一、烟田杂草的发生和分布

烟田杂草与其他农作物田相似,杂草种类繁多。其主要杂草有马唐、狗尾草、千金子、稗、刺儿菜、铁苋菜、反枝苋、凹头苋、画眉草、看麦娘、牛繁缕、铁苋菜、卷耳、碎米莎草、猪殃殃、马齿苋、龙葵、藜、荠菜、打碗花、酸模叶蓼等。

二、烟草田杂草防除

1. 播前、播后苗前施药

(1)96%精异丙甲草胺乳油施用量,土壤有机质含量 3%以下沙质土 0.75～0.9 L/hm^2、壤质土 1.05～1.2 L/hm^2、黏质土 1.5 L/hm^2;土壤有机质含量 4%以上沙质土 1.05 L/hm^2、壤质土 1.5 L/hm^2、黏质土 1.8～2.1 L/hm^2。

(2)48%甲草胺施用量,土壤有机质含量 3%以下沙质土 4.8 L/hm^2、壤质土 5.83 L/hm^2、黏质土 7.30 L/hm^2;土壤有机质含量 4%以上沙质土 4.8 L/hm^2、壤质土 6.25 L/hm^2、黏质土 8.3～9.0 L/hm^2。

2.烟草播前

33%二甲戊灵乳油 2.4～3.4 L/hm^2。

3.烟草苗床播前，移栽前或移栽后

50%大惠利乳油 1 500～1 800 g/hm^2。

4.烟草苗后，禾本科杂草 3～5 叶期

(1)15%精吡氟禾草灵乳油 750～1 000 mL/hm^2。

(2)10.8%高效氟吡甲禾灵乳油 450～525 mL/hm^2。

(3)6.9%精噁唑禾草灵悬浮剂 750～1 000 mL/hm^2。

(4)5%精喹禾灵乳油 750～1 500 mL/hm^2。

(5)12.5%烯禾啶 1.5～2.0 L/hm^2。

(6)4%喷特乳油 750～1 000 mL/hm^2。

5.烟田杂草的其他防治技术

烟苗移植前可进行诱发除草，或在封行前进行一至多次中耕、结合施肥，达到护苗、培肥和除草的目的。

项目十　红小豆田杂草治理

一、红小豆田除草剂的选择

红小豆是豆科作物，由于其子叶留在土中(与大豆不同)，对土壤处理除草剂的抗药性比大豆弱。播前施用酰胺类除草剂乙草胺、异丙草胺、嗪草酮、异丙甲草胺、甲草胺等，如遇土壤水分大、降雨、作物播种过深出苗弱、土壤有机质含量低等均可使作物产生严重药害，安全稳定性差。因此，红小豆田除草最好不进行苗前土壤处理，而采用苗后茎叶处理。

二、红小豆田杂草茎叶处理

在红小豆苗后早期，即红小豆 2 片复叶期，杂草 2～4 叶期，大多数杂草出齐时，可选用烯禾啶、精吡氟禾草灵、精喹禾灵、高效氟吡甲禾灵、烯草酮、精噁唑禾草灵、三氟羧草醚、氟磺胺草醚等进行茎叶处理。

(1)12.5%烯禾啶＋氟磺胺草醚

(2)15%精吡氟禾草灵＋氟磺胺草醚

(3)10.8%高效氟吡甲禾灵＋氟磺胺草醚

(4)5%精喹禾灵＋氟磺胺草醚

项目十一　蔬菜田杂草治理

蔬菜田杂草中禾本科杂草主要有马唐、狗尾草、稗草、早熟禾等；双子叶植物杂草有繁缕、牛繁缕、马齿苋、猪殃殃、刺儿菜、铁苋菜、反枝苋、凹头苋、藜等。据调查，马齿苋、藜、稗草、凹头苋、牛筋草、狗尾草等杂草的数量在各类蔬菜地中均占优势。

蔬菜种类多，轮作倒茬频繁，对化学除草剂的选择性、残留和残效期要求严格，且间(套)作普遍,对化学除草剂的限选要求高,对作物和蔬菜的安全性问题突出。

一、茄果类蔬菜

茄果类蔬菜主要有茄子、番茄、辣椒等。

1. 播前用药种类和用量

(1)48%氟乐灵乳油 1 500～2 250 mL/hm^2。

(2)48%地乐胺乳油 2 250～4 500 mL/hm^2。

(3)33%除草通乳油 2 250～4 500 mL/hm^2。

(4)72%异丙甲草胺乳油 1 500～2 250 mL/hm^2。

(5)60% 丁草胺乳油 1 125～2 250 mL/hm^2。

(6)50%乙草胺乳油 1 125～2 250 mL/hm^2。

(7)50%杀草丹乳油 4 500～6 000 mL/hm^2。

(8)24%乙氧氟草醚乳油 750～1 500 mL/hm^2。

(9)70%赛克津可湿性粉剂 600～750 g/hm^2。

(10)84%环庚草醚乳油 1 500～2 250 mL/hm^2。

2. 播后苗前用药种类和用量

(4)72%异丙甲草胺乳油 1 500～2 250 mL/hm^2。

(5)60% 丁草胺乳油 1 125～2 250 mL/hm^2。

(6)50%乙草胺乳油 1 125～2 250 mL/hm^2。

(11)50%萘丙酰草胺可湿性粉剂 1 500～3 000 或敌草胺乳油 3 000～6 000。

(1)、(2)、(3)施药后即浅混土;(3)、(11)干旱情况下施药应浅混土或灌溉;(11) 对已出苗杂草效果差,用量过高或田间湿度大时易产生药害。每公顷兑水 450 kg 喷施。保持田间土壤湿润有利药效发挥。

二、叶菜类

1. 十字花科蔬菜地用药种类和用量

(1)33%除草通乳油 2 250～4 500 mL/hm^2。

(2)60%丁草胺 1 500～2 250 mL/hm^2。

(3)50%萘丙酰草胺(大惠利)可湿性粉剂 1 500～3 000 g/hm^2。

(4)24%乙氧氟草醚 750～1 500 mL/hm^2。

(1)、(2)、(3)播前 5～14 d 土壤处理,混土 5～7 cm,(1)、(2)在土壤墒情好时可不混土,或移栽前处理,混土 3～5 cm;(4)移栽前土壤处理,保持田间土壤湿润有利药效发挥。

2. 伞形花科蔬菜地用药种类和用量

(1)48%氟乐灵乳油 1 500～2 250 mL/hm^2。

(2)48%地乐胺乳油约 3 000 mL/hm^2。

(3)25%噁草酮乳油 1 125～2 250 mL/hm^2

(4)50%捕草净可湿性粉剂 1 500 g/hm^2

(5)50%杀草丹乳油 4 500～6 000 mL/hm^2。

(6)25%利谷隆可湿性粉剂 3 750～6 000 g/hm^2。

(7)20%豆科威水剂 10 500～15 000 mL

配方(1)、(2)播前土壤处理，混土 3～5 cm。(3)、(4)、(5)、(6)、(7)播后苗前土壤处理。

三、瓜类蔬菜

瓜类蔬菜地用药种类和用量。

(1)80%磺草灵可湿性粉剂 2 250～3 000 g/hm^2。

(2)25%敌草隆可湿性粉剂约 2 250 g/hm^2。

主配方(1)于杂草 5～8 叶期喷雾对黄瓜安全；(2)苗前土壤处理。

四、韭菜类蔬菜

韭菜类蔬菜地用药种类和用量。

(1)33%除草通乳油 1 500～300 mL/hm^2。

(2)25%噁草酮乳油 1 500～2 250 mL/hm^2。

(3)82%环庚草醚乳油 1 500～2 250 mL/hm^2。

(4)65%杀草敏 4 950～6 000 g/hm^2。

(5)48%灭草松水剂 2 250～3 000 mL/hm^2。

(6)20%氯氟比氧乙酸乳油 750 mL/hm^2。

(7)22.5%伴地农乳油 1 500 mL/hm^2。

配方(1)、(2)、(3)、(4)苗前土壤处理或早苗期茎叶处理；(4)、(5)、(6)茎叶喷雾，与吡氟氯草灵混合可以提高效果，以上各类用药每公顷兑水 600～750 kg。

项目十二　果园杂草治理

一、果园杂草的发生与分布

我国果树种类多、分布广，立地环境条件千差万别。因此，杂草的发生种类多，包括一年生、越年生和多年生杂草，常见杂草约有 40 个科，150 多种，主要以菊科、禾本科、莎草科、藜科、旋花科为主。旱田常见杂草是果园杂草的主要组成部分，同时许多荒地、路旁、沟边、田埂的杂草如白茅、狗牙根、芦苇、森草、独行菜、牵牛、益母草、曼陀罗、蒿属杂草等亦是果园的常见杂草。

二、果园杂草防除

以一年生杂草为主的果园或苗圃应以土壤封闭处理为主，茎叶处理为辅；以多年生杂草为主的果园或苗圃则以茎叶处理为主，土壤封闭处理为辅；幼苗果园常套种作物而实生苗圃难以定向喷雾，则要施用选择性较强的除草剂。常用的果园除草剂和施用量如下。

(1)40%莠去津胶悬剂 3 750～4 500 mL/hm^2。

(2)50%西玛津可湿性粉剂 2 250～3 000 mL/hm^2。

(3)24%乙氧氟草醚乳油 900～2 100 mL/hm^2。

(4)65%氨基丙氟灵颗粒剂 1 500～3 000 g/hm^2(或与莠去津混用)。

(5)10%草甘膦水剂 11 258～15 000 mL/hm^2，加入少量硫酸铵或尿素、洗衣粉、柴油、三十烷醇等助剂,可显著提高除草效果。

以上药剂均以每公顷兑水 400～600 kg 为准。需注意桃园禁用;土壤有机质含量大于 3%,用量可加倍;定向喷雾可加大用量,忌接触树冠;在实生苗圃播后苗前施药,对敏感树种栽种前 10～ 15 d 用药。定植果园在杂草大量发生前用药;在杂草株高 15 cm 以上时,定向保护喷雾,勿使树冠接触药剂。高温、高湿,防治一年生杂草可用(5)配方 3 750 mL/hm^2,普通多年生杂草 7 500 mL/hm^2,顽固性多年生杂草 15 000 mL/hm^2。草甘膦与脲类或酰胺类除草剂混用,可同时灭杀和封闭。此外,甲草胺、稀禾定、吡氟氨草灵、氟乐灵、喹禾灵、利谷隆、茅草枯等除草剂也可用于果园的杂草防治。

三、果园杂草的其他防治技术

1. 覆盖治草

覆盖不仅能治草,而且能提高土壤有机质含量,改善土壤物理性质,保护土壤,增强树势,提高果树抗冻能力。如我国南方柑橘园割芒萁草覆盖树盘,也有用草皮灰、塘泥、褥草等培土覆盖。山东等地采用秸秆、杂草等覆盖治草。地膜(药膜、深色膜)覆盖不仅抑草效果明显,而且幼树成活率高、萌发早,促进树体发育,早成形、早结果,生产上已广泛应用。

2. 以草抑草

在果树株行间种植草本地被植物, 如草莓、大蒜、洋葱、番瓜、三叶草、甲茅等,任其占领多余空间,抑制其他草本植物的生长,待其生长一定量后,割草铺地,培肥地力,或种植豆科绿肥,或豇豆、光叶苕子、紫穗槐等,占领果园行间或园边零星隙地,能固土、压草、肥地,一举多得。

果园杂草防治应以生态治草为基础,适时适度使用化学药物除草。保留果园树下一定的地被植物,不仅有利成年果树的生长发育,抵御果树病虫草害的侵袭,还能培肥地力,减少土壤侵蚀,保护物种的多样性。

3. 生物防治

多年生果园杂草的生物防治,除了采用杂草的自然微生物和昆虫天敌外,还可因地制宜地放养家兔、家禽,或放养生猪等,可有效地控制杂草的生长。在果园中套种其他经济作物如大葱、大蒜、南瓜和冬瓜等。

模块巩固

1. 简要说明水稻田主要的杂草有哪些种?
2. 简要说明水稻育秧田杂草防除的主要方法。
3. 简要说明水稻田杂草防除的主要方法。
4. 简要说明大豆田除草的主要方法。
5. 简要说明玉米田除草的主要方法。
6. 简要说明马铃薯田除草的主要方法。
7. 简要说明烟草田除草的主要方法。
9. 简要说明蔬菜田除草的主要方法。
10. 简要说明果园除草的主要方法。

参考文献

1. 金红云,胡效刚,孙艳艳,等.主要杂草系统识别与防治图谱．北京:中国农业科学技术出版社,2016.

2. 陶波,胡凡.杂草化学防除实用技术．北京:化学工业出版社,2009.

3. 苏少泉.杂草学．北京:中国农业出版社,1993.

4. 陈树文,苏少范.农田杂草识别与防除新技术．北京:中国农业出版社,2007.

5. 强胜．杂草学．2 版.北京:中国农业出版社,2010.

6. 马奇祥,赵永谦.农田杂草识别与防除原色图谱．北京:金盾出版社,2004.

7. 张殿京,程慕如.化学除草应用指南．北京:农村读物出版社,1987.

8. 中国农垦进出口公司.农田杂草化学防除大全．上海:上海科学技术文献出版社,1992.

9. 王险峰,辛明远.除草剂安全应用手册．北京:中国农业出版社,2013.

10. 苏少泉,宋顺祖．中国农田杂草化学防治．北京:中国农业出版社,1996.

11. 李孙荣.杂草及其防治．北京:中国农业大学出版社,1991.

12. 苏少泉.除草剂概论．北京:科学出版社,1989.

13. 吴汉章,潘以楼.除草剂药害图谱．南京:江苏科学技术出版社,1995.

14. 刘树生,曹若彬,朱国念.蔬菜病虫草害防治手册．北京:中国农业出版社,1998.